U0156942

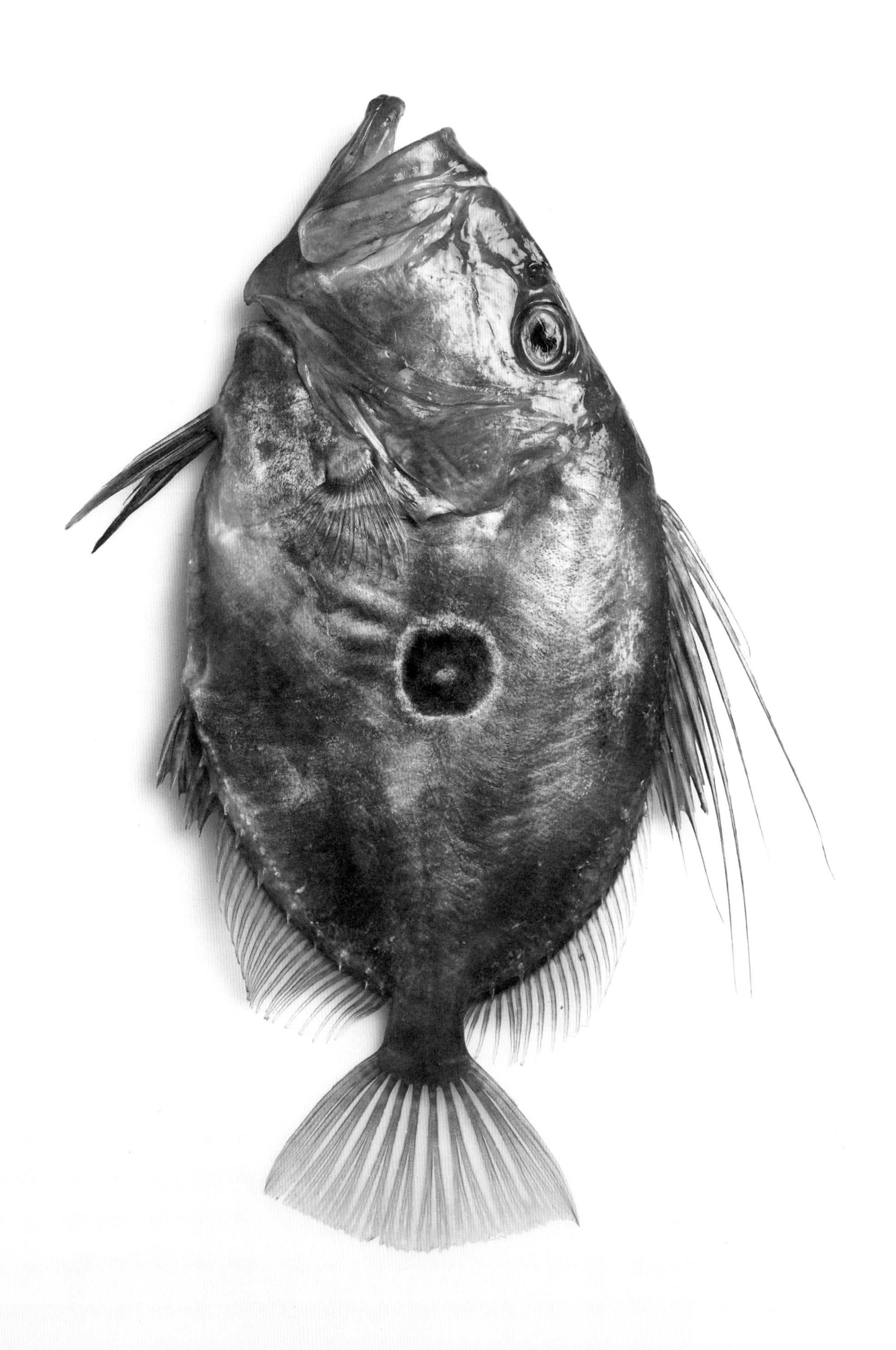

THE WHOLE FISH
COOKBOOK

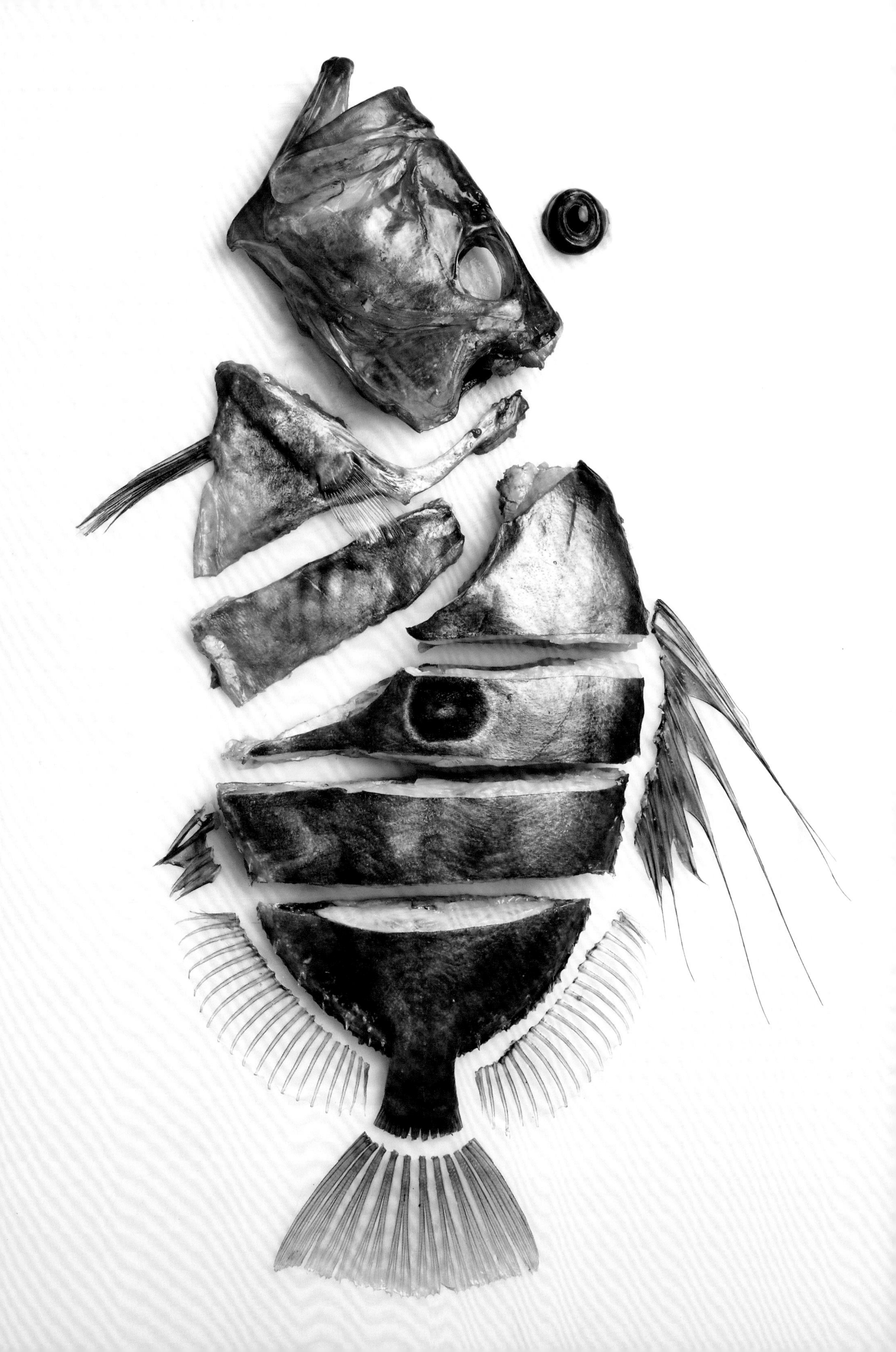

全鱼料理

[澳] 乔希 · 尼兰德（Josh Niland） 著

丁敏 译

華中科技大學出版社

http://press.hust.edu.cn

中国 · 武汉

目录

序言

在本书中，乔希·尼兰德（Josh Niland）将带领我们领略不一样的鱼餐，他会告诉我们烹调、品尝的方法以及多久吃一次比较好。不论是担任厨师还是给朋友、家人烹鱼，本书都会是我们的良师益友，不论厨技如何，也许是偶尔试手做鱼片的家庭主妇，或许是勇于攀登新高度的美食家，读了本书都会有所启发。

乔希认为自己的厨艺还没有达到炉火纯青的地步，因此更愿意在挑战自我的同时努力思考并解答不断遇到的新问题。

我们为什么不经常在家做海鲜？我们有必要把鱼做得很酸吗？从冰箱里取出来的鱼可以不冲水吗？存放较久的鱼会变质吗？烹饪时间短一点会如何？其实，乔希更想告诉大家的是，我们为什么不多尝试一下海鱼？我们为什么不多尝试鱼的各个部位的肉？我们如何才能做得更好？

放眼世界，人们普遍接受把动物整个儿拿来烧着吃的做法，来自大不列颠的厨师弗格斯·亨德森（Fergus Henderson）始终在思考如何才能充分利用容易被我们忽视、丢弃的肉，他常说："动物们会觉得人类不让它们献身是很虚伪的表态。"乔希也肩负起同样崇高的使命，对那些居住在深海的生物报以相同的理解和赏识。他会对供应商说："随便给些鱼就行，我保证能让它们上得了厅堂。"这大概就是餐厅烹饪的奥妙吧。

另外，灵感也很重要，否则准备的食材和培训再好、再多也无济于事。好在乔希具有钻研精神，受到散文、诗歌般灵感的感召，这样的灵感来自欧芹的香气、王鱼醇厚的风味（在冷藏室放了四天的），以及煮熟了的蛋正好能放进小章鱼脑袋的契合。

为了达到餐厅的高标准，乔希使用了两件法宝，那就是口感和技巧，它们会令食材锦上添花！乔希·尼兰德在Glass、Est等餐厅历经磨炼，尤其是受教于悉尼鱼面（Fish Face）餐厅的海鲜名厨史蒂夫·霍奇斯（Steve Hodges），以及肥鸭餐厅（Fat Duck）的赫斯顿·布卢门撒尔（Heston Blumenthal）的经历，令他的厨艺进一步精进，而真正让他独挑大梁的是在圣彼得海鲜餐厅，餐厅于2016年在悉尼开业。说起鱼店（Fish Butchery），这是一家鱼料理店，2018年在悉尼开业，旨在转变海鲜零售的一贯特性。目前鱼店主打鱼食供应，同时销售苹果（Apple）电子产品和举办达明安·赫斯特（Damien Hirst）装置艺术展，开业以来生意红红火火。

鱼血、鱼杂和鱼骨，这些不一定要各位亲自操刀，真想试一试的话，乔希乐意提供帮助。（若有人想吃鲻鱼鱼鳞、鲑鱼喉和鲭鱼精子，他自有妙招。）另外，乔希会教大家挑选鲜活的鱼，清蒸、烧烤的方法。其实，比起自顾自地探索烹鱼技巧，让别人也能了解其中的奥秘更令他兴奋。

市面上大多数烹饪手册注重于展示菜谱，而乔希却更想与您分享烹饪过程中的艺术与优雅。总而言之，授人以鱼，一日尽食，若授之以渔，则一生受益。

——帕特·努斯（Pat Nourse）

前言

鱼，赋予我灵感，令我着迷。我享受做鱼的过程，因为它深藏奥秘，同时鱼餐的口感、纹理和外观激发我去思考：如何尽可能地让鱼餐更加鲜美可口？

我曾有幸与世界顶级厨师合作（并采用全球最优良的食材烹饪），但更留恋的美好时光是顾客光临圣彼得海鲜餐厅或者鱼店，欣喜地描绘他们愉快的品鱼经历。筹备开张时，太太茱莉（Julie）和我希望餐厅不仅能以“拥有澳洲最好的烹鱼法”而骄傲，还要向顾客证明——全鱼料理是何等重要，汪洋大海中岂止有12条鱼！

我们的初衷是希望更多的读者了解这本书，它不仅仅是一本海鲜烹饪手册。在这本书里，你不会看到很平常的冰鲜鱼照，你将慢慢用心体会——鱼并不总是满身腥味、黏滑、多刺、不易烹饪的食材，每条鱼、每片鱼肉都是独立的个体，各有特色和适合的烹饪方法。

15年前我开始担任厨师，加工鱼肉的工作渐渐受人尊重。翻一翻当年的笔记、插图和烹饪指南，我依稀能回忆起自己当时想过“如何才能把六块猪肉、兔肉或牛肉做成奢华的、令人向往与满足的拼盘”。另一方面，人们又会觉得鱼是娇柔、优雅、尊贵的食材，除了做生鱼片就没有其他利用价值了。

早年我研究过肉蛋白，这些知识如今仍然会给我许多启发。如果能把整条鱼做好，让鱼杂和鱼片一起上桌——尽量别扔掉其他部位——我会激动不已，要是食客能发现这些菜里的精华，想必也会和我一样兴奋。

怎么加工鱼呢？我们得改变思路，更多地考虑鱼身上那些一般被视为“废料”的部位。可行吗？这么说吧，世上许多人见人爱的美食都是由废料做的。无论是砂锅、香肠，还是粗粮面包和黄油布丁，厨师在制作它们时都会想，“要怎么处理这些没用的食材呢？”我认为做鱼时也不会有例外。

深入了解鱼的不同部位和烹饪方法，会让厨师适当地发挥每条鱼的潜在价值。我希望这本书告诉你的并不是“为什么要给鱼配菜”，而是想让你更全面地了解鱼。烹饪鱼片的内容占了本书的45%，其余55%的内容会更加精彩。后半部分我会带大家一探各味鱼餐的风采，学会用可持续性观念处理食材。

手册使用指导

我的烹鱼理念是："物尽其用，口感至臻。"实现这个目标主要靠两种方法——烹饪全鱼和干式熟成。

- 只购买、烹饪鱼片不仅会限制创造力，还会忽视鱼体内大部分的宝贝。从伦理和可持续性方面来看，这样做实在可惜。烹饪全鱼表现出我们对这种全球稀缺海产品的尊重。
- 干式熟成法（翻到29页）可以让鱼肉独特的味道变得更浓，口感得到改进，还可以让鱼长时间地待在最佳条件下。经过反复尝试，我对干式熟成法有了进一步的了解。

本书前半部分详细介绍了以上两种方法，无论是家庭做鱼或是饭店烹鱼都可借鉴，书的后半部分会将这两种方法融入食谱和创意中，激发创新力。后半部分提到的鱼不是那种按照食谱就能做好的普通品种，而是我所深爱的宝藏集锦，同时我还会就"如何烹饪太平洋和大西洋海域中的其他鱼类"提出建议。总之，把鱼做好的关键是：自信；对鱼的种类有深入的了解；能够选择最合适的烹饪方法。

当你犹豫究竟应该选择哪种鱼，及其如何打理它们时，我希望这本书可以为你提供思路，它也会让你全方位地了解烹鱼这片"新大陆"。

知识

THE KNO

集锦

WLEDGE

为什么不经常烹鱼

我相信鱼是多数人比较爱吃的一种高蛋白食物，我们意识到它对健康是多么的有益。那么相较于肉食，为什么我们在家时不经常做鱼呢？

接下来我会解释主要原因，首先要讨论一下让你们担心的事情——由于存在诸多因素的变化，做鱼总是十分困难。这些可变因素包括：鱼是在哪个季节、一天中的什么时间段被捕到的？用什么工具捕捞的？它们是如何被运到鱼市的（我们是直接送进餐厅的）？这个过程时限是多久？另外，还需要考虑：鱼是如何被储存和打理的；死后有没有冰冻，有没有放进水里；鱼鳞是如何去除的；内脏是否取出；怎么切鱼片。如果你想问“究竟应该怎么做鱼”，最好提前考虑这些方面。

罗列出来的这些可变因素，有的可能显得不可思议，或者有点像强迫症，而在我看来，如果哪个因素未被考虑到，过程就不再连贯，烹饪便不可能达到最佳效果。

参考这些可变因素并做出香喷喷的鱼餐并非易事，这种高质量标准很难达到。我相信鱼店和圣彼得海鲜餐厅努力给予的是——特色！明白这些道理，了解了接下来的内容，你就能在家里烹出新花样了。

1. 我们不了解鱼，或者是不懂该如何烹鱼（或者两者都有）。

第一次烹鱼失败后，我们也许会改做更熟悉的菜，也许再也不吃或不做这种鱼了。随着与圣彼得海鲜餐厅和鱼店的食客接触次数增多，我渐渐明白在家做鱼是一件让人畏惧或不太情愿的事情。

想要在烹饪生鱼片或全鱼时获得愉快的体验，你一定要和鱼贩聊一聊（翻到“采购”部分，第23页），万不得已时用智能手机搜索烹饪方法，以便于我们形成基本的理解：煎熟就好。

我们都知道鱼是比较贵的海产品，打理和烹饪时要比去骨鸡腿更需要耐心。如果你想吃去骨鱼片，可以和店员取取经，看看自己能不能应付。在数字时代，我们与食材的直接联系越来越少，所以更应该和那些为我们准备、料理食材的人多聊聊。

买条整鱼回家，刮鳞、取内脏、切片，耗时费力，你可以咨询鱼店的伙计哪条鱼最好，或者让他推荐。买鱼前你还可以想一想自己对鱼有什么顾虑，然后和卖鱼的伙计探讨一下。

请记住，我们之所以怕做鱼，不愿意变换花样，并不是因为买回来的鱼不新鲜，而是因为我们的方法不得当。

在挑鱼、探鱼、闻鲜和判断鱼是否做熟方面，不是人人都有天分，而常规的方法仍然有很多——也许只要换个更合适的烹饪方法就可以了（限定时间和火的温度，消除你对鱼的心结或反感）。我在书里介绍了多种烹鱼方法，对不同类型的鱼的做法提出了建议，针对“为了获得最佳口感而想采用特别的烹鱼方法”的需要，我也说明了注意事项。

2. 本地的新鲜鱼求之不易，价格不菲。

我们不该将鱼看成是供应稳定、随到随有的商品。很少有人将它当作时令食材，这不免可惜，因为鱼在一年中的各个时期都会有不同的味道和口感。龙须菜一年四季都可以买到，但初春时节的更好吃。在澳洲的深冬时节，吃不到北半球国家夏天才有的蜜桃。在澳洲寒冷的冬季时，雨印鲷（mirror dory）口感比较好，但有时会因更鲜美的亲戚海鲂鱼（John dory）的存在而受冷落。

海鲂鱼烹饪得当口感会很好，非时令的雨印鲷肉质有些软，要做好比较难，毕竟鱼片太薄。一年中其他时段捕到的雨印鲷不如冬季的理想。这种鱼的肉比较紧实，皮下脂肪多，鱼片较厚，看来在暖季捕到的鱼更有营养，鱼杂占到体重的20%左右。

时令鱼（在应季捕到的）会让你自信地将它当作主菜烹饪，也会让你有机会取其每一处的肉做拼盘（有“杜绝浪费”之意）。试着从捕鱼季的角度考虑烹饪，你将有机会烹饪出最鲜香的鱼来，并从中获得满满的收获。

【其他海鱼】

做鱼、尝鱼的失败经历会让我们改做其他种类的鱼。三文鱼餐是一道招牌菜，在多数鱼餐厅里能点得到。它无皮、无骨、营养丰富，脂肪和水分比多数野生鱼多，比脂肪少的鱼容易打理，如鲭鱼、鲹鱼、牛鳅或鲷鱼（这类鱼烹饪时很容易干）。

多数人觉得三文鱼的肉像块白布，无须用微妙的口味俘获食客的芳心，它用途广泛，可以搭配腌汁和酱料吃，也可以按照多数家常食谱做。虽然三文鱼有时会比其他鱼贵一些，但依旧很受欢迎，它的肉质变化不大，价格波动较小，任何时候都能买得到。

接下来谈一谈价格问题。一般人不可能牵头奶牛当晚餐吃，而在晚餐上吃自己捕到的鱼是有可能的。那为什么还要花高价买鱼呢？与家畜、家禽饲养员遇到的情况类似，鱼的成本反映了渔民付出的劳动力。鱼一旦离开水会很快死掉，这样会影响鱼的价格；把鱼从水里捞上来之后需要格外小心——想要为优质的鱼定更合理的价格，需要处理好所有相关状况。

鱼类的名称也能决定标价或预估价值。全球有100多种鲷鱼，但只有几类交易频繁，鱼店会根据顾客对鱼名的喜爱程度疯狂购买某些种类的鱼。例如，刺鲷（与红鲷鱼关系密切）——在一年里的某些时段会比普通的鲷鱼便宜很多（暂不考虑那些用鱼线钓上来，头顶有尖刺，且被包装成“儿童圣诞节礼物”的刺鲷）——是鱼店里卖得最少的鱼。除非它们被陈列出来，贴上“澳洲本土红鲷”的标签，兴许会更受欢迎吧。

在本书的后半部分我要教大家烹饪一些估价偏低、名声不响的鱼类，还会提供备选鱼的名称——当指定的鱼在当季没有捕捞到，或者难以在附近海域发现时，你可以用这些鱼替换。

---

3. 鱼的保质期较短。

鱼肉保存不了很久，很容易腐烂（翻到78页了解“怪味鱼”），这常常会妨碍我们练习烹饪技术以及吃到更多的鱼肉。这个问题主要是因为生产、储存方法不当导致的。

我们从超市和鱼贩那儿买到的鱼——不论是鱼片还是整条鱼——很多是用工厂自来水洗刷过，存放了一段时间后又经手多次才上市的。经常有人先用塑料膜把鱼包住，再用真空包装纸密封，或者将鱼放进塑料盒里，加盖一层保鲜膜，放进冰箱里备用。

既然鱼是用自来水冲洗过的，身上就会沾到水，在包装时水会在包装盒里凝固，容易滋生细菌。通常我们自认为是正确的事情——把鱼洗干净，清除鱼血或残渣——其实会让鱼肉的保质期缩短。

所幸，我们借助餐厅的干式熟成法（翻到27页）、细致的备菜工序以及家庭储藏法（翻到33页），就能极大地克服“多余水分”的问题。为了深入了解、掌握烹鱼的技巧，我强烈建议大家熟悉一下相关原理。

明白了去湿原理后，我们就可以进入下一步了——试着烹饪干式熟成过的鱼肉（翻到29页），控制环境，方便改进或做出有微妙差别的鱼味。

4. 我们不一定知道好鱼的味道。

我是在澳洲新南威尔士州的梅特兰（Matiland）长大的，老实说，我最初接触到的“鱼”包括：金枪鱼芦笋罐头——妈妈会拿它当午饭吃；辣油三文鱼罐头——我会将里头的鱼肉放在沙拉里一起吃；靓白凤尾鱼罐头——是当地咖啡馆凯撒沙拉的配料。当时我不太清楚金枪鱼的肉是深红色的，基本没有异味，三文鱼的肉是橙色的，那些靓白凤尾鱼在被醋腌泡之前属于淡水鱼。

小孩缺少烹饪经验就会有上面的表现，对多数人来说很正常——许多人在年少时懵懵懂懂，根本不了解或欣赏不了海鱼这类海鲜。两极分化由此产生：有的人对家附近钓上来的或从鱼市买回来的各种鱼了如指掌；而有的人只知道金枪鱼、三文鱼、凤尾鱼和偶尔在圣诞节才会煎的国王明虾（对虾）。

谈论吃鱼这件事时，我不免要怀旧一番。就拿炸鱼薯条来说吧，它是地球上认可度最高的鱼餐，但是想要每次都做得好吃很难。我们有15种“香烹法”，其中13种较为容易把控技术，另外两种较难把握的鱼餐会由顾客自己点评。首先，我们要考虑用餐时间（2019年，厨师需要估计顾客在吃鱼之前可能会拍多少张照片上传到照片墙）；其次——顾客对某一时刻的记忆（当时他们正与爱人欢度甜蜜时光，在最浪漫的餐厅里品尝一份很普通的炸鱼薯条套餐）是我们无法预估的。对他们而言，没有什么比得上享用套餐的时光宝贵，不论厨师（餐厅或其他地方的）下了多少功夫。

想要享受好鱼的味道，一开始就得打理得当（参考“鱼店知识点”，第39页），然后尝一口未沾到水的生鱼片。吃生鱼片（翻到83—103页）有助于了解鱼的口感，判断是软是硬、是肥是瘦。而且我发现煮鱼（翻到105—129页）能让你尝出鱼的味道究竟如何。由此，我们就可以为鱼肉挑选到更合适、更美味的（不是菜味混杂的）配菜了。

本书主要不是想让你在家里多做鱼，而是想帮你做出合理的决定，那样你将会拥有更愉快的烹鱼体验，不论去哪里，都能让餐桌上的鱼餐变幻无穷。

【厨具】

缺少厨具会打消你烹鱼的热情吗？其实厨房就算没有高端齐全的厨具也能做出美味的鱼肉来。“直击要点”，是形容圣彼得海鲜餐厅厨房最恰当的词语，指的是这里空间有限，能为我们所用的工具也不多。我们共有八口黑色浅底锅，六口小号锅，两口中号锅，还有一口双罐油锅，嵌入式灶台，一台电磁炉，两副日式科罗烤架和一台专业烤箱（每次烤鱼馅饼时都会用到）。有这些已经足够。我把常用的厨具列在下方，切记最重要的一点是：你们要对买回来的鱼倾力投入，自然就会达到令人满意的效果。

必备厨具

- 铸铁煎锅
- 带盖的深底锅
- 剔鱼骨的钳子和镊子
- 鱼秤（翻到135页）
- 长度不同的刀（不可折叠）
- 砧板
- 长镊子（薄钳子）
- 修补刀

采购

某日清晨，一位鱼市的顾客给了我一张写满鱼名的字条，那一刻我很开心。与他的交谈对我们鱼餐厅和刺身店做选择很有帮助。除了这种互动，我们还直接与本地、外地的渔民打交道。这样会让我们的工作量增加，但是也能省去进入鱼市的进门费。

花一周的时间与渔民交谈，还能让餐厅员工对工作环境和辛苦付出有新的认识，无论是天气因素，还是其他不可预测因素，都有助于我们理解鱼的价值和“在某一周为何捕不到某些鱼”的原因。厨师直接与渔民接触，不仅能让餐厅的员工认识各种鱼，还能让他们了解鱼的产地。如果能讲出盘中之鱼出自哪位渔夫之手，顾客会觉得我们很厉害。

知道鱼的产地还有助于我们分析它们的味道。如果你知道某条鱼吃的是甲壳纲动物或海带，就会很容易尝出那种特别的味道。了解鱼味常常有助于我们正确配菜，或者选择适当的烹饪方法。通常，我们会用形容词形容鱼的味道，比如“怪怪的”“奶香的”或“鲜美的”，很少具体地描述鱼有什么味道，并说一些鼓励顾客多做选择的话。有很多鱼被顾客批评说难吃，我们只好把它们当备选了。

考虑这些之前，我们要清楚自己真正寻找的是什么肉质的鱼。站在顾客的角度有助于采购到优质的鱼。我们需要考虑以下细节：

1. 身上黏液厚，鱼身光亮，这是肉质高的第一表现。

通过观察鱼鳞的覆盖面来确定。第一次观察鱼时，我对这层黏液感到好奇。黏液主要为鱼提供保护，它会把致病的病原体粘住。黏液里的抗体和酶会主动攻击病原体，起到保护作用。裹住病原体的黏液被刮去之后，新的黏液就会长出来，原先的病原体就消失不见了。如果鱼身上有任何损伤或残缺，说明打理方法不当，比如冰冻时间过长，或者温度控制不够稳定。

2. 鱼眼决定鱼是否健康、新鲜。

健康的鱼眼应当呈球状，在头顶微微凸出，水润、明亮、清澈。而有时（从其他方面）看起来不错的鱼却长着浑浊的眼睛。这主要是因为鱼被捕捞后不久就被冷冻起来了。

提示： 要是你在鱼市见到某条鱼的眼睛鼓得厉害，请放心，这条鱼没什么问题。这是水压导致的：从深海中捕捞深海鱼时，鱼从底下来到水面的过程中，水压急剧变化，鱼眼（通常还有胃部）会比较鼓。

3. 新鲜的鱼闻起来不应该有怪味。

并非每家供应商或鱼店都会让你触碰柜台上的鱼，最好用鼻子判断。我的鱼经过20多天的干式熟成后依旧没有怪味。新鲜的鱼应该只有淡淡的海腥味，有时闻起来像是矿物质，如黄瓜或欧芹的茎特有的气味。如果鱼肉闻着怪（翻到78页），像是氨气或血液氧化后发出的臭味，那么最好别再碰它们。没办法，不管你有多么好的烹饪天赋，都无法扭转鱼肉变味的事实。

4. 新鲜的标志：鱼鳃呈鲜红色，闪着彩虹光。

鱼在游动中，水流经过鱼鳃，流经无数细小的血管。氧气渗入血管壁进入血液，二氧化碳排出。鱼鳃越鲜红，说明鱼越新鲜。黏液和黏膜比较多、比较厚的话，鱼鳃会比较干，上面基本不留残质。

【对红鲻鱼的感觉】

红鲻鱼容易让顾客产生错觉。他们会先入为主地认为红鲻鱼就是鲻鱼，会吃出一股泥土味，就像鲻鱼的那股怪味。红鲻鱼最爱吃的是甲壳纲动物，我们由此便会了解鱼肉里还会有龙虾、螃蟹或明虾的味道。我们应该在采购的时候和售卖、打理鱼肉的伙计聊一会儿，肯定有助于做出正确的选择。

新鲜的鲣鱼鳃

5. 如果鱼是冷冻的，看一下是否有冻斑或结晶。

如果你发现了冻斑或结晶，说明鱼在解冻后又被冻住了，这样会影响肉质。出于对味道和口感的考虑，当我们捕不到野生鱼时，可以用鱼塘里的淡水鱼做菜，而冷冻是唯一的储存办法。如果要吃冻过的鱼，请记住有几种鱼在冷冻后会比其他鱼更好吃——肉少、白色的品种，如鲷鱼和鳕鱼，冷冻后会变干，而脂肪较多的鱼类，如金枪鱼和西班牙鲭鱼，冻过后味道也会不错的。

相对于鱼店和圣彼得海鲜餐厅的熟化工序来说（翻到29页），这几条有关辨别新鲜鱼的建议乍看起来有点不切实际，然而要想展现熟成鱼特有的味道和口感，我们必须要买到最新鲜的鱼，并用适当的方法打理它们。

最后我要强调一下可持续性。鱼的可持续性话题一直困扰着家庭主妇和餐厅的厨师。我认为要从三个维度来考虑这个问题。首先，要知道某种鱼的存量有多大（可以从当地的渔业部门网站上了解）；其次，要对渔民的捕捞作业有所了解，例如，他们是用大网捕，还是用鱼线钓；最后，烹鱼时尽量不要剩下废料，具体做法是：认真储存、打理鱼肉，尽量延长保质期；拿整条鱼做，包括鱼杂在内。后面几页会详细介绍。

干式处理

如果采购的是整鱼，让伙计刮掉鱼鳞，取出内脏，不要用水冲洗。方便的话就拿回家自己处理。大家担心在家里处理会让屋子有味，而且还不易散去，其实在家处理得当的话，味道要比在外面处理完带回家的鱼淡很多。

储存和干式熟成

“新鲜的鱼最美味”听起来像老生常谈。多数人喜欢在船上直接烹饪鲜鱼是因为那时的鱼没什么异味。

与现宰的肉牛类似，刚刚捕到的鱼基本无异味。对牛肉采用干式熟成法会让肉味变浓，肉质变紧，因为肉里的水分已经流失，动物蛋白酶也被分解了。干式熟成的鱼也是如此：尽管不希望鱼肉的结缔组织像牛肉那样受损，我们还是想要蒸干鱼体内不必要的水分，以便提鲜。鱼肉的熟成过程与牛肉的很像，控制环境是必要的，温度和湿度要严格监控。

储存一般鱼肉的最佳条件与储存干式熟成过的鱼肉一样，所以储存和干式熟成可以同时进行——挑选干式熟成过的鱼肉，按照它们的条件储存，能够存放得更久。有的鱼不适合用干式熟成法储存，却适合用其他的方法储存。

无论你们是为餐厅采购整箱鱼，还是从鱼市或鱼店买鱼回家烹饪，准备、储存鱼肉的步骤基本是一样的。

首先，要买没有被自来水冲洗过的鱼，最近一次沾水的时间最好是在它刚刚从海里打捞上来时。准备鱼肉的整个过程都不要让它沾水。鱼市一般会提前冲洗鱼身（处理大批量的鱼货时，这样做似乎是必要环节），所以我建议自己刮鳞、取内脏。

刮鳞

给小鱼如无鳔石首鱼、针嘴鱵鱼和鲱鱼刮鳞，建议使用小刀、小头刮鳞器或勺子。

1 用刮鳞工具从头到尾有条不紊地划动鱼身，力度刚好能够推动它。（避免鱼鳞四处飞溅，建议放在干净的塑料袋里刮。）

2 等到所有的鳞片都被刮掉后，用纸巾把鱼身和砧板擦干净。

1 如果刀功了得，建议直接削去大鱼（和盘子一般大或者更大些的）的鳞片。从鱼尾开始削，按压鱼鳞、鱼皮时让刀片与砧板基本保持平行。

2 微调角度，好让刀刃在鱼鳞和鱼皮之间划动，手前后移动，大块地削，这样在去鳞时便不会伤及鱼皮。初次尝试时你可能会刺破鱼皮，露出鱼肉。不用惊慌，调整刀片的角度继续削下去。削下来的鱼鳞可以留做他用。

我推荐这种方式是出于几种考虑。当鱼鳞被刀或去鳞器削掉时，它们就与固定鱼鳞的“毛孔”分离了。当鱼肉吸收、储存水分时冲洗鱼肉是不对的。削去鱼鳞时保留鱼皮，鱼皮在储存的过程中能起到保护作用。这种鱼拿去嫩煎，一定会香脆可口。

取内脏

你若是想把鱼储存起来（内脏留在鱼肚子里会让整条鱼迅速变质）或使用鱼杂时（我强烈推荐）就需要取内脏。如果厨师打算直接烹饪鱼片（翻到47页），就不需要这一环节了。切鱼片时要避免戳破内脏。建议生手们在切肉前先把内脏取出来，这样切起来更轻松。

1 取内脏之前，用锋利的小刀从鱼的排泄口处划开，一直划到颌骨处的鱼鳃。

2 体腔划开后，小心地剥离粘在鱼鳃和鱼下巴前后的黏膜。

3 扒开体腔，将器官露出来。

4 将鱼头向里，把鱼鳃剥下来，顺势将器官一次性摘掉。操作正确的话，当你从砧板上拎起鱼鳃时，内脏会连在一起。

5 用纸巾仔细地擦拭体腔和鱼皮。把内脏存放在一边（翻到63—75页）。

【试验干式熟成法】

熟成顺利的话，鱼肉应该还是汁液饱满的，能让顾客尝到鲜美的肉质。西班牙鲭鱼、金枪鱼和剑鱼适合长时间熟成。它们的脂肪含量较高，肌肉较厚；我认为这是长时间熟成的两个必要条件。肉质较为疏松的鱼，例如海鲂鱼、海鲷鱼或比目鱼，仅需熟成4—5天就能拥有理想的味道和口感。有些鱼不适合熟成，像肉质细腻的牙鳕鱼、鲱鱼和马鲛鱼，新鲜时就是最佳的样子。这类鱼脂肪少，水分含量极少，长时间熟成会让仅有的那点水分也流失掉。

考虑到熟成过程中会出现许多变数，建议每天试做一片鱼肉，便于了解冷冻过程以及某种鱼是如何适应环境的。有的鱼在一段时间内会有多个“美味阶段”，其间可以采用熟成法，每天品尝一下会教你判断鱼处于哪个阶段。想了解“餐厅干式熟成法”，请参考附录（翻到247页）。

储存

给鱼刮鳞片、取内脏后不要让鱼肉沾到水，然后把它们储存起来。鱼和冰箱的体积大小决定了你的储存方式。要点如下：

- 低温，最好在-2摄氏度至2摄氏度之间，高于2摄氏度鱼肉会迅速变质。
- 低湿度：请记住，储藏时鱼皮上不要有水。干燥的鱼皮才会煎得酥脆。
- 与物体接触时防止鱼皮“流汗”：鱼皮长时间与物体接触容易出“汗珠”。把鱼盛放在托盘或碟子里，它的汁液会积在体下。汁液会加速腐坏，让鱼散发出怪味。避免此类情况发生，我建议你们把大鱼挂在厨房的挂钩上，把较小的鱼和鱼片放在不锈钢漏盘里。
- 防止变干：将鱼放入风冷冰箱里，不盖盖子，否则鱼肉会迅速变干，最后就像歪歪扭扭的肉干一样。

在家时，我习惯买来鱼后过两天再烹饪。这样就能直接切鱼片（参考“鱼店知识点”，第39页），而无须储存，在大冰柜价格不菲的行情下更应当如此。要避免鱼片被风机吹干，还要防止鱼片躺在积液里，所以我建议储存鱼片时让鱼皮那面朝上，把鱼片搁在金属架上，下面的托盘或碟子可以接住流出来的汁。为了防止鱼身变干，可以把鱼片存放在冰柜的保鲜格里。（如果保鲜格里全是菜——多数时候是这样的——就给鱼片盖上保鲜膜，防止被风机吹干。）

无论选择储藏格还是保鲜膜，都需要在烹饪之前干燥鱼皮：不用包保鲜膜，让鱼片在冰箱里待2小时，或者放到鱼皮摸上去发干。

如果储存时间超过两天，就提前去掉鱼骨。这样能减少鱼肉变湿的概率，抑制细菌滋生。选一条尺寸合适的整鱼，去鳞、取出内脏。最好切去鱼头（和鱼下巴），方便立刻使用（翻到40页），因为这些部位在家用冰箱里不易熟成（冰箱门频繁开关，无法稳定保温）。将鱼盛到漏盘里，放进蔬菜保鲜格，打开排风口，这样鱼就能待在低温下而不会干透。每天都要把鱼从冰箱里拿出来用纸巾仔细擦拭，去掉碎鱼皮或体腔里的冰晶。如果冰箱是靠电流线圈（带静电）而非风机冷却的，建议使用厨房挂钩或者冰箱网架的捆线把较小的鱼挂起来。

背面：熟成的长鳍金枪鱼

左边是熟成20天的，右边是熟成3天的

SAINT PETER

把鱼当肉食

全球公认肉食富含营养蛋白质。无论草饲还是谷饲，人们——包括饲养牲畜的农夫，把肉片熟成得完美的屠户，以及细心烘烤和雕琢肉食的厨师——都爱烹饪肉食并发现它的价值。近几年来，尤其是肉食店，已经逐渐变成了美食店，这种价格较高的食材由此更增添了一丝高贵感。

鱼就不一样了。鱼铺相对要潮湿、冰冷，充满难闻的气味，人们不愿逛那里。可我们没有理由区别对待这两类食物。毕竟，鱼和哺乳动物都有脊柱，以及基本的骨骼和器官组织。

能将鱼当作肉食烹饪让我感到开心，这也是鱼店创立的初衷——把鱼肉做得更鲜美，希望顾客以特别的方式亲近鱼。在这里，顾客可以要求我们切下他们喜欢的鱼片；经过熟成的鱼变得更好吃，口感也得到改善；顾客可以和店员们交流并了解关于鱼的产地和正确的烹饪方法。

这个思路最初是我为餐厅起草菜单时产生的。那时，我偶尔会遇到从未处理过的鱼类。我会尽量把它们做好，然后考虑将它们归到哪一类——羊肉、牛肉、猪肉、鸡肉、其他肉类，还是动物内脏。归类后我要考虑配什么菜合适，烹饪方法不再限于煎炒。

把鱼当作肉食烹饪还有助于我们挖掘更多的食材，那些从准备、烹饪鱼肉的方法（为了增加鲜味，改善口感），包括干式熟成法（翻到29页）和腌制法（翻到57页）中产生的，反映了我们不断追求卓越的精神，毕竟变数太多。鱼杂店也是一块尚待开发的宝地，顾客会任意拿来各种采购清单，它们似乎比食谱更难招架。

而全然不顾“我们打理的是鱼，而不是肉食”的事实也是不明智的。有很多次，当我用烹饪肉食的方法做鱼时都会加过量的作料，或者让火温过高，这样对肉食蛋白质来说是没有问题的，但是却不能用到肉质细腻的鱼肉上。我们应该抱着“把鱼当肉食烹饪”的观念，用独特的视角看待鱼肉，展现每条鱼身上的潜在价值。

左页图： 黄鳍金枪鱼，熟成20天。

鱼店知识点

屠宰：动词，指宰杀动物，为了出售它们身上的肉。

鱼商：名词，指负责出售特定鱼产品的经销商或贸易商。

鱼店开张时，那些没看到招牌，不明白我要怎么做鱼的顾客会感到困惑。其实我只是将“把鱼当肉食烹饪”的思路合理地延伸了一下——鱼肉可以切成各种形状，摆成独特的花样，常常会比纯色、无皮、无骨的鱼片更加诱人。

“屠宰”一词让人联想到“血液”、“骨头”和“生肉”。把它们与鱼肉联系起来能激发创作灵感——包括切鱼的方法，零售时如何包装、展示，甚至还包括如何将不同的鱼块拼到一个盘子里。由此我会对鱼的特定部位产生新鲜感（我总是用独特的眼光看待它们），曾经被忽视的鱼肉因而产生了更多的价值。

鱼头和鱼下巴（翻到40页）占了鱼身的大部分。现在，餐厅厨师经常会用烤架烤鱼头和鱼下巴，因为这样吃起来香而且省事——鱼头可以整个留下，或者从中间劈开，方便放到木炭上或带烤架的烤锅里。把这条鱼身上切下来的鱼片当配餐，会让人感觉更加丰盛，你会在同一条鱼身上品尝到不一样的口感和香味。

鱼店和圣彼得海鲜餐厅将顾客记挂心间，关心他们是如何接触终端食品的。我们衷心鼓励大家品尝鱼杂，多挑不同的鱼吃。同时，我们尽量不让顾客在吃鱼时遇到麻烦，比如我们会主动帮他们钳掉骨刺，在去骨、摊平的乔治王鳕鱼上裹面包屑。

在给鱼刮鳞、取内脏和切片之前，试想一下它会给你创造什么机会。

请随我一同了解“鱼餐新解”。

【主要厨具】

使用最好的刀具是准备全鱼的关键。首先，选择质量高、坚固锋利的刀，手感要舒服。不要选择折叠刀。从大鱼骨上切鱼片时如果是用身体的重量往下压的，那么你要在刀刃上多使点力气。用钝刀切鱼比较困难、危险，更别说会多耗费10倍的时间了！

遇到重达1千克以上的鱼时，我喜欢把鱼鳞刮去（翻到30页），因为这样能去除不必要的水分，让裸露在外的鱼皮变干，才能煎出酥脆鱼皮。建议反复练习几遍，让刀刃在鱼皮和鱼鳞之间划动，像拉锯那样，让刀刃从鱼头一直划到鱼尾，来回重复几次。

取内脏时建议使用短刀，小心别将内脏戳破。另一种得力的工具是锋利的剪刀；在硬骨头和鱼鳃旁的软骨里移动刀刃有时并不轻松，尤其是大鱼。

鱼头解剖图

石斑鱼头（熟成3天）。

1. 头
2. 喉咙
3. 颊板
4. 眼
5. 下颌
6. 颚
7. 下巴
8. 上颌
9. 颊
10. 舌

1
2
3
4
5
6
7
8
9
10

全鱼解剖图

石斑海鲈鱼（熟成2天）。

1. 鱼鳞
2. 上唇
3. 舌
4. 上颌
5. 下颌
6. 鱼眼
7. 鱼颊
8. 腭骨
9. 带骨的腭骨和鱼颊
10. 下巴
11. 喉咙
12. 心脏
13. 骨髓
14. 血
15. 肝
16. 脾脏

17. 胃
18. 腹
19. 前躯架
20. 中腰肉
21. 肋骨
22. 带骨肉
23. 鳔
24. 上腰
25. 有背鳍的（硬）背
26. 无背鳍的（软）背
27. 中腰
28. 后臀架
29. 切块的尾部
30. 臀鳍
31. 皮

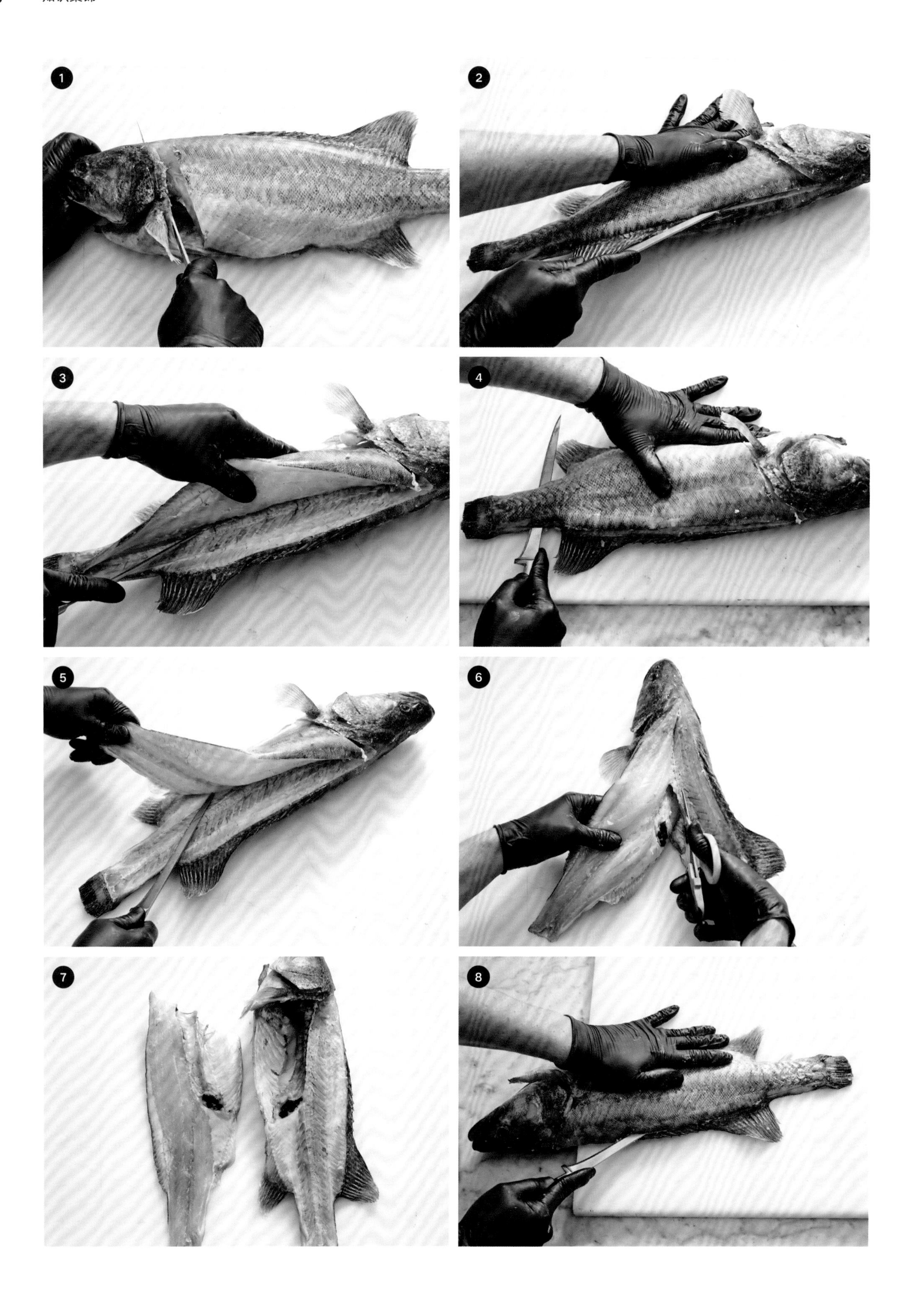
1
2
3
4
5
6
7
8

切鱼片

初次切鱼片时，建议将鱼腹朝里，鱼头朝左（如果惯用右手就让鱼头朝右）。

1 把胸鳍向外拉出并切除，再朝鱼头的后方切下去，一直要切到骨头。这样很快就能将鱼下巴切下来了。

2 将鱼翻身，腹部朝向外面（头朝右，尾朝左），顺着鱼脊从头切到尾，下刀要轻一些。

3 根据鱼骨调整下刀的角度，在骨、肉接合处划动刀刃，挑起鱼片，感觉刀刃触碰到从中间凸起的鱼脊时可以停下；让刀片尽量靠近鱼脊，然后绕过去。

4 让刀挨着鱼脊放平，把刀刃推进鱼脊另一侧的鱼肉。刀刃微微翘起，压着鱼脊一直划到鱼尾，这样鱼尾就切开了。

5 掀起鱼尾，让鱼肋露出来。

6 剪断鱼肋，向上一直剪到“步骤1”提到的切口处。

7 现在，你就算切出第一块生鱼片了。

8 将鱼翻身，腹部朝外，鱼头朝左。让鱼头悬在砧板边缘，放平（这样能切得均匀，保留更多的鱼肉）。重复“步骤1”的切法，然后沿着鱼肋把背上的肉切下来。

9 将刀刃转向相反的一面，把刀刃按在鱼肋上保持稳定，朝臂骨方向切过去。沿着鱼肋划动并切断，刀刃划动时鱼皮会慢慢脱落、裂开。

10 用剪刀从鱼架上剪下第二块生鱼片，拿纸巾擦干净。

提示：我们是用熟成了7天的墨累河鳕鱼展示切鱼片工序的。

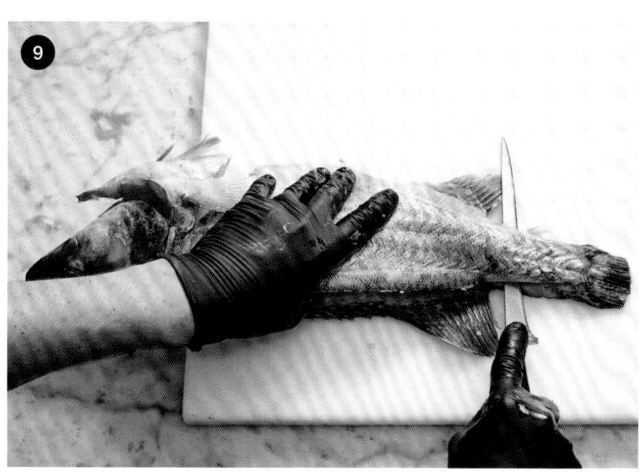

STAINLESS STEEL

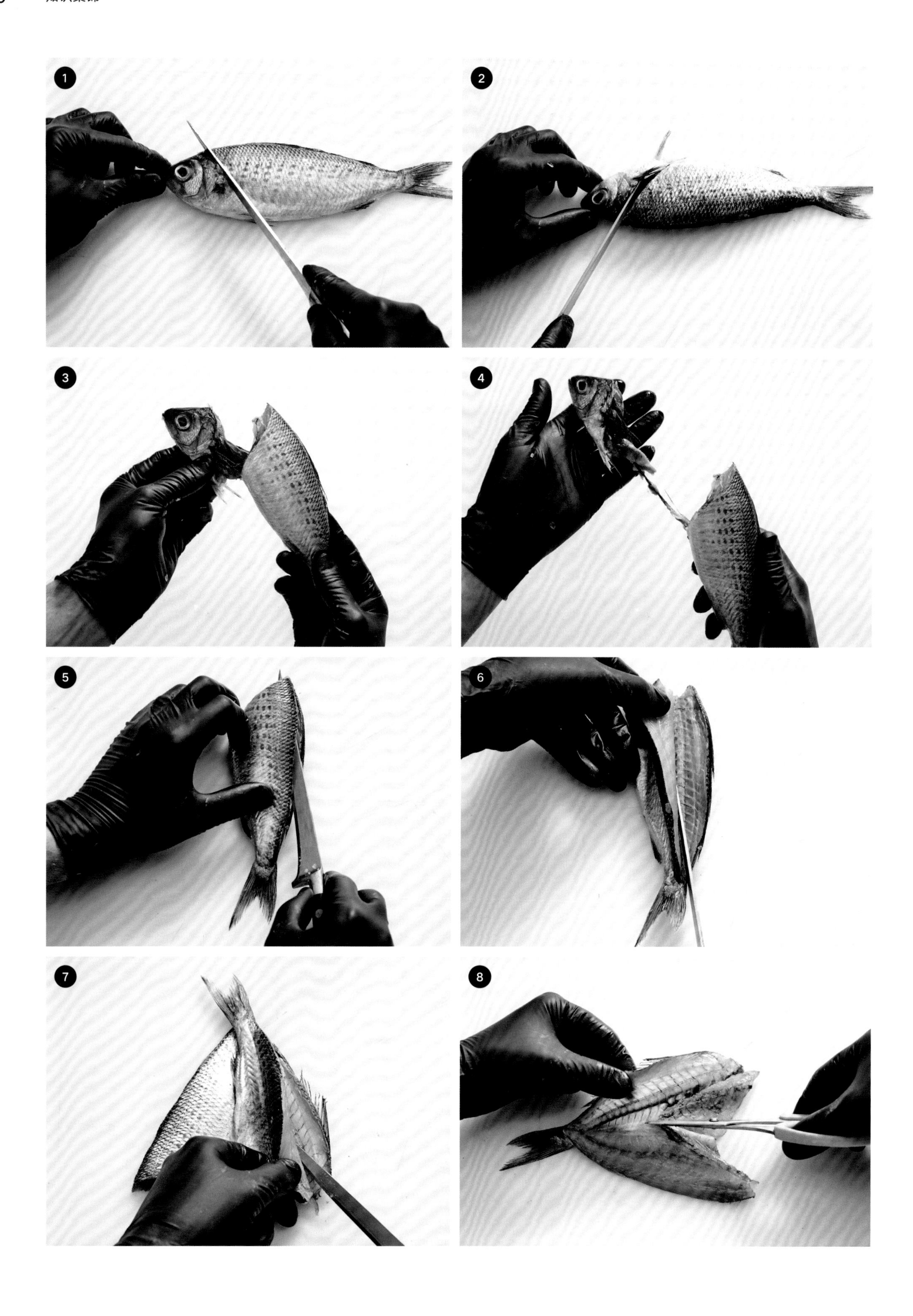
1
2
3
4
5
6
7
8

“蝴蝶”式

假设你惯用右手（惯用左手的话方向就是相反的）。请将鱼放在砧板上，头朝着左边。

1 首先，在鱼头后面斜切一刀，刀刃与胸鳍平行。

2 将鱼翻身，重复刚才的切法。

3 当两个切口相接时，把鱼头轻轻地从脊柱上扯掉。

4 扯鱼头时，鱼内脏也要一并拉出来。这样操作会干净利落，以免碰到鱼腹。

5 将刀刃顺着鱼脊，从头切到尾，把脊柱一侧的肋骨切掉。

6 再切一刀，比之前切得再深些，小心切开鱼腔（不要刺破腹部），不要碰到鱼尾。

7 将鱼翻身，让尾巴朝向外侧，对鱼脊的另一侧重复上述切法。

8 用厨房剪刀剪断脊柱，摊成蝴蝶形状，不要动鱼尾。用鱼钳子钳掉骨刺和肋骨。（锋利的小刀可能更容易切掉肋骨，具体要看鱼的种类。）

STAINLESS STEEL

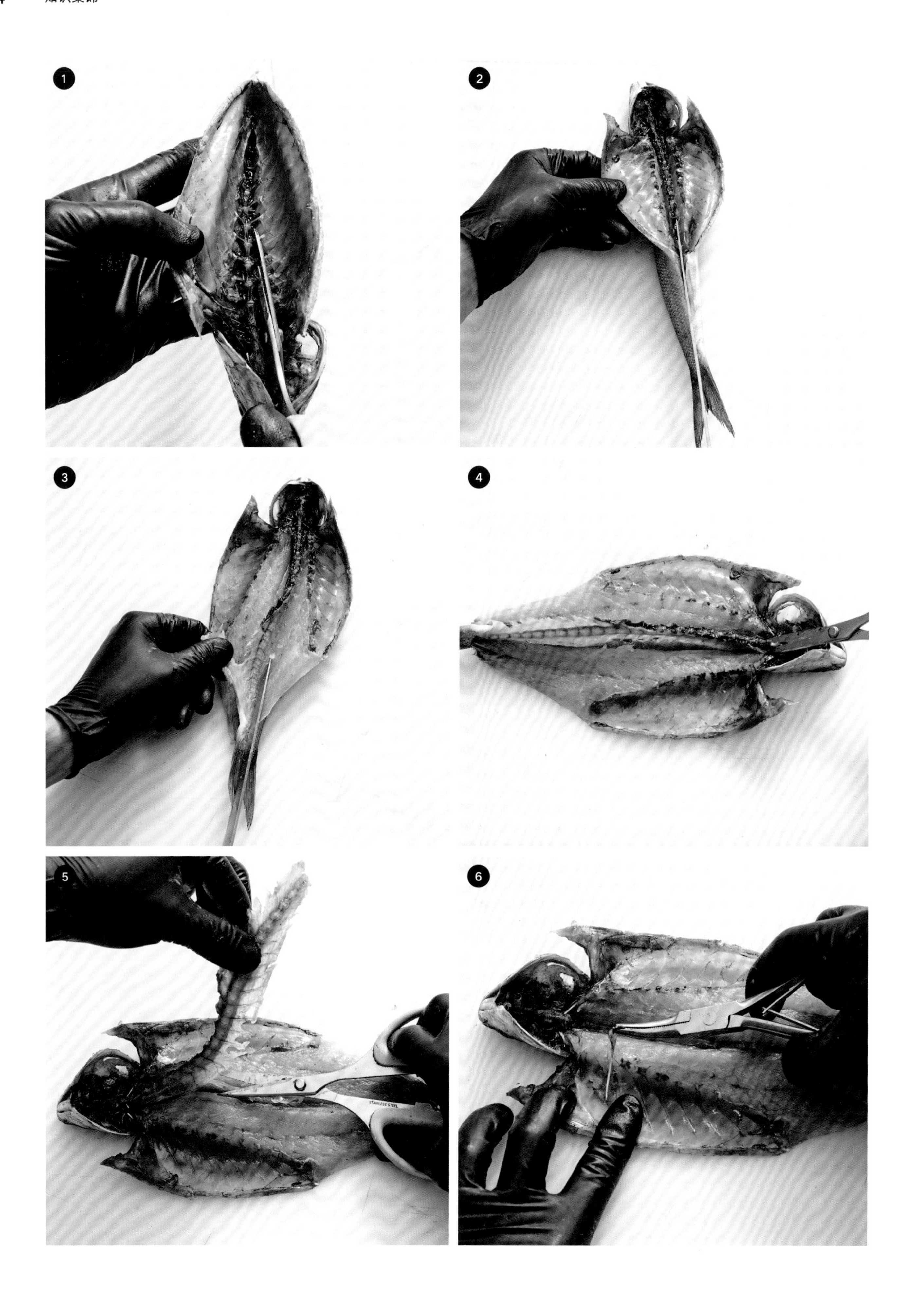
1
2
3
4
5
6
STAINLESS STEEL

反“蝴蝶”式

按照传统的方法给鱼刮鳞、取内脏。把鱼纵向摆好，头朝里，尾向外。

1 先用厨房剪刀剪掉鱼脊左侧的肋骨，直到排泄口处。用同样的方法剪掉右侧的肋骨。

2 现在，让鱼头朝向外面。用刀刃沿着鱼脊旁边的切口切下去。

3 在鱼脊的另一侧重复上面的切法。

4 当两处切口在尾部相接时，用剪刀剪断鱼尾。这条切线刚好与鱼脊相连。

5 小心地将鱼脊从鱼皮（还连着肉）上拉下来，注意旁边的肉，不要让鱼皮撕裂或受损。

6 用钳子钳掉鱼刺和肋骨。（锋利的小刀可能更容易切掉肋骨，具体要看鱼的种类。）

腌（熏）鱼

对于鱼肉这种细腻、易变质的蛋白质，我们需要掌握储存方法，减少废料产生的机会。几个世纪以来，腌制法都是人们常用的储存方法，它主要通过渗透作用吸干鱼肉中的水分。

鱼店的腌制法让鱼身上不常吃的部位变得更有价值，包括鱼心、脾脏、精瘦的腹瓣；这种方法同样适用于在1—3天内生吃很鲜美而后迅速变味的小鱼。我们处理的鱼的数量很大，不会特地为了腌鱼去采购，但是我们会把新鲜的部分切下来腌制，或者腌制那些不符合烹饪要求的鱼片。

鱼店开张时我有幸得到保罗·法拉格（Paul Farag）的帮助。保罗有多年的餐厅烹饪经验，曾在悉尼和伦敦的高档餐厅工作过。当我第一次想邀请他加盟鱼店时，他有些犹豫，因为之前的经历和培训主要与肉食相关，但我觉得他一定能助我实现目标。

腌制肉质最佳的时令鱼，可以及时定格美好的赏鱼时刻。切记，处理生鱼和腌鱼时要符合严格的卫生条件，全程必须佩戴一次性手套，使用灭菌箱储存。

左页图： 风干的月亮鱼

保罗的五香马林鱼火腿

保罗早年在鱼店腌制过这种特色火腿，它体现了保罗的创意和精湛厨艺。如果没有条纹马林鱼，还可以用金枪鱼、长鳍金枪鱼、剑鱼、旗鱼或月亮鱼代替。这份食谱建议选用鱼的下半段，从排泄口下方切鱼片，这样肉里不会掺杂鱼刺（这段鱼肉的形状很像火腿）。

目标：3.5千克马林鱼火腿

3—4千克条纹马林鱼尾

腌汁

400克细盐
8升冷水

腌料

10克葫芦巴籽
10克孜然
20克黄芥籽
20克姜黄粉
200克细盐
70克细砂糖
2克（半茶匙）硝酸盐

剥鱼皮：将刀刃沿着背鳍从右向左划开，在皮较厚的部位深入一些。在鱼尾处小口地切，把鱼皮剥下来。

做腌汁：在灭菌塑料容器里搅拌盐和水。把鱼放进腌汁里泡3天。第4天，把所有香料放进煎锅里，低温加热1分钟，或加热到飘出香气，然后放到香料研磨机中，搅碎、研磨成粉状。

把所有腌料放在大碗里混合。

从腌汁中把鱼拿出来，拍干水分，抹上混合好的腌料，放进垫了烘焙纸的干净塑料容器里。在鱼身上盖一个尺寸合适的托盘，压一压托盘，放置两周，每天都要给鱼翻身。

当鱼摸上去紧实、外皮现出姜黄色的瑕斑时，就用线绳拴好鱼尾，挂在风机动力冰室里，让味道持续发散。把鱼放在托盘里的金属架上也能产生类似的效果，只要通风良好就可以。至少放四周，如果等不了这么久，那就提前从鱼骨上削肉片，当咸鱼吃。

装盘：从鱼骨上削下鱼片，搭配酸辣酱或者吐司，配以黑胡椒粉、特级初榨橄榄油。

【家常腌鱼】

在家腌鱼时，6∶4的盐糖配比适用于很多鱼类。将1.2千克盐、800克糖、1汤匙烤茴香籽和1汤匙烤芫荽籽放在干净的容器里。想要味道更好，建议每1千克无骨鱼肉用200克的腌料。在鱼身上抹腌料，然后放进干净的深盘里。腌料中流出的汁水可以作为腌汁。每天都要给鱼翻身，坚持3天，直到腌料完全让鱼肉变坚实，然后把鱼放在纸巾上风干。用刀背轻轻刮去鱼身上的汁液，然后将鱼切片、上桌食用。还可以在汁液风干后用香料或其他调料擦拭鱼身，如绿叶草本、香料和咖啡渣，那样会别有一番风味的。如果是连皮带肉地腌，还可以拿去炭烤或煎炒（翻到131—175页）。

剑鱼干

这份食谱很看重剑鱼的肉质。腌的时候，脂肪含量越高，腌出的味道就会越香。时令的剑鱼的脂肪含量很高，很适合拿来腌。腌料中包含140克配好的调料。建议每1千克剑鱼肉使用120克腌料。

制成：800—900克剑鱼干

1千克A级剑鱼腰或腹，切成4块250克的长条
2块14克湿核桃木或樱桃木片

腌料

40克细砂糖
80克细盐
1个八角茴香，微烤并磨碎
15克百里香叶
¼茶匙硝酸盐
1汤匙微烤过的黑胡椒粒
1片新鲜月桂叶，剁碎

把腌料全部倒进干净的碗里，涂抹鱼身，然后把鱼放进不锈钢餐盘或垫了烘焙纸的塑料容器里。用烘焙纸盖上冷藏。放置7天，每天给鱼翻身。

腌好后，把鱼从托盘里拿出来，用纸巾拍干水分。

用烟熏机冷熏40—45分钟，根据想要的程度调节时长。另一种冷熏法是，在双笼蒸锅的顶部盖一层铝箔，在锅底铺上熏过的木片，然后进行冷熏。

将鱼取出，用线把鱼捆住，挂在风机冰箱里存放3—5周，等待干燥。完成之后挂起来，或者切成片存放在密封容器里。

熏肉可以切成薄片当作冷腌食品吃，类似于烟熏三文鱼，还可以切成块，用煎锅加工后，与豌豆和莴苣一起食用真是绝配，美味无极限！

腌、熏褐鳟

褐鳟是一种味道极佳的鱼，但是不太受人关注。我们要用浅色砂糖和咖啡粉来腌它，味道会比较醇厚。用精制黑麦面包、咸黄油和芹菜当配菜，被冷落的褐鳟摇身一变，成为与上等烟熏三文鱼平起平坐的食品。

制成：1千克腌、熏褐鳟肉

1千克去骨带皮褐鳟鱼片
1—2块14克湿苹果木片

腌料

半茶匙优质咖啡豆
55克细盐
40克红糖

将咖啡豆磨碎，不用磨成粉，否则味道太浓。往咖啡碎中加盐和糖，搅匀。

把腌料均匀地涂抹在带皮的鱼片上，把鱼片放进不锈钢餐盘或塑料容器里，肉面朝下。盖上烘焙纸冷藏。放置3天，每天给鱼翻身。

当鱼摸上去紧实、干燥的腌料变湿后，把鱼片拿出来，用宽铲轻轻刮去沾在上面的腌料。

在烟熏机里冷熏30分钟，根据想要的程度来调节时长。另一种冷熏法是，在双笼蒸锅的顶部盖一层铝箔，在锅底铺上熏过的苹果木片，然后进行冷熏。

把鱼取出，放在不锈钢餐盘或容器里的金属架上，不用盖，冷藏一夜。

第二天，将褐鳟鱼肉从头到尾切下来，无须加热，搭配新鲜的黑麦面包、芹菜和咸黄油即可。

腌月亮鱼

在写这份食谱时，我们发现月亮鱼竟是一种温血鱼。鱼鳃旁边和鱼头四周的肉呈暗色——和牛肉或鹿肉的颜色和纹理相似。我们换掉了腌料中的几种香料，与这种特别的暗色肉形成互补。如果没有月亮鱼，多数时候我们会选用金枪鱼和鲯鳅鱼。多一些耐心，才会收获更好的口感。

制成：1.8千克—2千克的腌月亮鱼片
1块2千克的月亮鱼片

腌料
80克细砂糖
160克细盐
2个八角茴香，微烤并磨碎
30克迷迭香叶，切成段
半茶匙硝酸盐
2汤匙微烤过的黑胡椒碎
1汤匙杜松末
半茶匙肉豆蔻碎
2片新鲜月桂叶，剁碎

把腌料全部倒进干净的碗里，涂抹鱼身。然后把鱼放进不锈钢餐盘或垫了烘焙纸的塑料容器里，盖上烘焙纸冷藏。放置7—10天，每天给鱼翻身。

将鱼取出，用纸巾拍干水分。

用线把鱼捆住，挂在风机冰箱里存放4—6周，等待干燥。完成之后挂起来，或者切成片存放在密封容器里。

腌月亮鱼食用妙招：用煎锅煎一下腌肉，在做奶油培根意大利面时可以切几片放进去。

烟熏野生王鱼

与其他熏鱼食谱不同，腌制野生王鱼不会很耗时。野生王鱼是我的最爱，尤其做成烟熏之后。柠檬香桃、茴香和芫荽籽的使用会突出肉质的偏酸性。有同样肉质的还有琥珀鱼、鲕鱼、油甘鱼和黄尾鱼。

制成：1千克烟熏野生王鱼片
1千克去骨带皮野生王鱼片

腌料
40克细砂糖
80克细盐
1汤匙茴香籽粒
¼茶匙硝酸盐
1汤匙芫荽籽粒
1片新鲜月桂叶，剁碎

调料
2汤匙柠檬香桃
1汤匙现磨黑胡椒粒

把腌料全部倒进干净的碗里，涂抹鱼身。

然后把鱼放进不锈钢餐盘里或垫了烘焙纸的塑料容器里，盖上烘焙纸冷藏。放置3—4天，每天给鱼翻身。

将鱼取出，用纸巾拍干水分。

混合调料并涂抹鱼身，顺着鱼尾到鱼头将肉从鱼皮上片下来。静待鱼肉达到室温时上餐。

鱼杂

如今鱼肉比以前贵多了，宰鱼好手越来越少。为了追求高效率，重数量轻质量，人们懈于发掘鱼的潜在价值，渐渐满足于常规的做法。

这样做太浪费了。

厨师在接受培训时会被告知，鱼的产出比是40%—45%。我不明白这个百分比是如何被全球公认的。当然，与其研究如何将这40%的鱼肉做出各种味道，我们更应该关心如何提升鱼的烹饪产出比。

圣彼得海鲜餐厅开张之前，我对鱼心、鱼杂、鱼血和鱼鳞都很陌生，那时我会按照做肉的食谱来做鱼。厨师熟悉牲畜的内脏及其使用方法，这种技能有助于开发有针对性的食谱：比如把鱼心切成条，叉在串肉扦上，放在炭火上烤；鱼杂容易变干、有嚼劲（因为脂肪少），这么做的口感会特别香；鱼血能做成黑布丁（血肠），比大多数猪血肠更香醇。

有趣的是，在餐厅开张的头三年，喜欢吃鱼杂的顾客日渐增多了。可以说我们引领了时尚，食客慕名前来，我们可以借此宣传一下鱼杂有多好吃、多营养。但是菜单上并不是总有这道菜，因为鱼的体质易变，内脏并不是总能食用。一条鱼只有一颗心、一只肝、一只脾脏，一把鱼鳞，可能还会有鱼卵或鱼白。只要其中有一个变了色、有残缺或受伤，就都不能使用了，哪怕顾客要点也不行。

在家第一次尝试做鱼杂会有点难度。建议从最基础的部位练手，如鱼肝（翻到160页）。下一次光临本地鱼店与市场时，可以了解一下什么样的鱼肝才算是健康的，或者什么季节的鱼肝是长得更好的。最好按照煎鸡肝、鸭肝的方式，把鱼肝煎成粉色，从内到外煎得温热，并且形成一层棕褐色的脆皮。

膨化鱼皮

这道菜看起来很普通。餐厅多次拿新西兰鳕鱼来做，这种鱼的皮很硬，连着肉很难炸好。最终，我们花了一天时间剥鱼皮，刮掉皮上的筋、肉，才做成了这道菜。

准备一锅水，撒少许盐，高火煮沸。放入鱼皮，一次放一块，氽20秒后舀出来。这时的鱼皮很软，容易戳破或撕裂，小心放入托盘内摊平。

把鱼皮放进烤箱，调到最低挡，或者使用85摄氏度的脱水机。鱼皮干透后，放入密封容器或真空包装袋里备用。

炸鱼皮：用中到大火加热半锅油（葡萄籽、油菜籽或棉籽油），直至温度达到185—190摄氏度。将干鱼皮夹进油锅，炸5—10秒，鱼皮就会膨大三倍。趁鱼皮还没变色立刻将它们捞出来，变色就会味道发苦。撒上盐后端上桌。

鱼内脏的知识点

挑选鱼内脏时只能挑晾干的且没被丢进血水桶里的，否则会削弱口感。鱼内脏要干净、光亮、润泽，不能有异味，摸上去要结实、软滑且没有变色。

如同多数的动物内脏那样，鱼内脏应当在买回来的当天就食用。冷冻后的鱼杂会有不同的效果。心、胃、脾脏和血适合冷冻，而鱼肝、鱼子和鱼白这类冷冻后容易断裂，解冻后会变得绵软。

炸鱼眼薯条

这份食谱体现了厨师团队在圣彼得海鲜餐厅开张头一年所付出的辛勤努力。想把每个部位都做好是有难度的。在我们看来，明虾薯条的做法就是给明虾裹上木薯淀粉，下锅炸成酥脆、清淡与可口的薯条状。按照这个思路，我们做出了这道炸鱼眼薯条。鱼眼尽量是最新鲜的，全程戴一次性手套操作。

制成：12块大脆片

150克新鲜鱼眼
100克 鱿鱼眼
125克 木薯淀粉
油菜籽或蔬菜籽油
盐和现磨黑胡椒粒

在搅拌器里把新鲜鱼眼和鱿鱼眼搅成灰色的稀糊，用细孔滤网过滤渣。用橡胶铲子把木薯淀粉搅拌成稠奶油的样子。在竹蒸笼的烘焙纸上摊平糊糊，在沸水上蒸10分钟。

把糊糊摊在金属架上，放进烤箱里，温度调到最低挡，或者用85摄氏度的脱水机将它干燥。

等鱼眼薯条干透后，倒半锅油，加热到190摄氏度。掰一块下锅炸10秒，直到薯条膨大两倍。最后，炸好的鱼眼薯条看着就像明虾薯条或猪排一样。用纸巾拍干油分。用同样的方法处理余下的薯条。

可以撒上作料当主食，还可以当作吃刺身的餐前小菜。

膨化鱼鳔

和膨化鱼皮的做法类似（翻到64页），不同的是，鱼鳔一旦从体内被摘出，就要将它的一边切掉，这样就可以摊平了。

用刮面刀或小刀小心地刮去鱼鳔表面的残留物或刮平鼓包，让鱼鳔在烹饪时保持光滑。鱼鳔要在冷水锅里多泡一会儿，同时锅里添加配料，如海带、百里香、龙蒿叶和红酒等。煮沸后调低火温，煨20分钟，直到鱼鳔软透。煨的时长依鱼鳔的大小和鱼的种类而定。（目的是要让鱼鳔变嫩，由清淡无味变得鲜香味浓。）

将鱼鳔从汤里小心捞出，平铺在烤盘中并放入烤箱，温度调到最低挡，用夹子轻轻地将鱼鳔挑开，或者使用85摄氏度的脱水机干燥。鱼鳔干透后存放在密封容器或真空包装袋里备用。

用中到大火加热半锅籽油（葡萄籽、油菜籽或棉籽油），温度达到185—190摄氏度时将干鱼鳔放入油锅炸5—10秒，至鱼鳔膨胀。趁鱼鳔还没变色时立刻捞出，否则味道发苦。炸好的鱼鳔撒盐、上桌。

鱼杂XO酱

口味丰富的XO酱是时尚鱼餐界的宠儿，只要做法正确，味道就会很鲜，口感会很棒。这份食谱里添加了腌辣椒，降低了XO酱的热度。吃鱼、烤肉，以及菜拌饭时都可以蘸这道酱。它便于储存，做得好就会越放越香，可以存放在密封容器或真空包装袋里。

制成：700克XO酱

500毫升葡萄籽油
150克青葱（韭葱），切成丁
150克新鲜姜碎
75克蒜末
250克切成丁的腌辣椒
75克鱼心、脾脏和鱼卵，每种都要干燥、熏制并切丁（翻到74页）
75克熏剑鱼干（翻到60页），切丁
1汤匙现磨黑胡椒粒
1汤匙现磨烤小茴香粒

在大的平底锅或煎锅里放葡萄籽油，中火加热至锅里升起薄烟。放青葱、生姜和蒜，煎10分钟，不时翻搅，防止食材粘锅或颜色变得太深。当菜微微煎成棕褐色时，放腌辣椒、风干的鱼杂、熏剑鱼丁和香料，搅拌均匀。调低火温再煎30—45分钟，好让杂味变得更浓香。（不用放盐，因为腌辣椒带咸味。）

这道独特的调料用途广泛，可在烤熟的菜和鱼肉上浇一勺，连早餐炒蛋里也能放！

提示：制作腌辣椒时要把新鲜的辣椒撕开、去籽，在岩盐里放置3—4周，好让辛辣味变淡、植物特性突出。

褐色鱼杂汤

我之所以要写这种烹饪方式，是因为这道汤是用主食材熬成的。我不建议总是把边角料丢进锅里熬汤。

想熬好这道鱼汤，建议只放一种鱼，而不是放几种鱼在一起熬。切记，不要清洗鱼骨；不建议把鱼架泡在水里去血，或者冲掉骨头上的杂质，这样会降低鱼架的营养价值。

在冰箱里干燥后的鱼架会呈现较好的色泽，味道更香，煎的时候不会粘锅。顾客总是要求我把鱼眼处理掉，理由是鱼眼会让成菜显得灰暗、有杂质，可正是这样才会让鱼杂汤变得浓稠、有味道、有特色。若想要鱼汤清亮些，我们可以去掉鱼眼。将鱼架剁成4—5块去煎烤，鱼皮又焦又脆。

鱼鳃会让鱼杂汤变苦，建议丢掉。鱼头正下方脊柱中的凝血可以用镊子剔掉，再用纸巾把鱼脊擦一遍。

炒锅放酥油或菜籽油，高温加热至锅内升起薄烟。把鱼架（占鱼杂汤的80%）切块放入锅中，一次不要太满，每块都要煎到，必要的话可以分几次煎。等鱼架全都煎成褐色时（5分钟左右），取出放在一边。

保持高温，把配菜（占鱼杂汤的15%）放入锅里，淋上所有鱼脂和从锅里铲下的锅巴。把味浓的草本植物和烤过的香料（如小茴香、八角或芫荽子）放进去。

当菜稍微变色、变软时，将鱼架倒进锅里。倒入足量的冷水，刚好没过食材。

用中到大火煮25—30分钟，不用撇沫，一直煮到鱼汤量减半、变稠、呈现出漂亮的棕褐色。（“不撇沫”的要求看个人喜好。其实浮上来的杂质味道很丰富，我比较喜欢浑浊、黏稠且味道丰富的鱼杂汤，不太喜欢味道单一的那种。）

传统的做法是把鱼杂汤过一遍滤网或磨碎器，汤的口感会更加丰富，成为味道更加醇香的汤品。鱼杂汤里还可以加块乳化了的黄油，配点柠檬汁。现在就差新鲜出炉的烤面包了——一边喝汤一边嚼面包，回味无穷！

当配菜的鲜鱼子

我们会看到不同样子的鱼子，最常见的是腌制的干鱼子，经磨碎或切成丁，撒在加热后的食材上当作料，能够改进口感，增加鲜味。

几年前当我做厨师时，每隔一天就会收到雨印鲷，用它做的鱼餐是餐厅的招牌菜。有一周收到的雨印鲷有很多鱼子，3天的量共计超过5千克。我本来想做腌鱼子的，转念但还是割破了包膜，把里面的子刮了出来，这样就得到了纯鱼子。将鱼子放到滤网上滤掉里面的杂质，再用搅拌器把粘在鱼子上的碎膜分拣出来，这些碎膜在烹饪时容易结块。最后，这数百万粒小鱼子被搅进了各种食材里，如烤玉米粒、黄油、鱼杂汤和蛋黄酱，有的还被搅到了鱼馅饼的馅里。

黑布丁

为了实现“为鱼的每个部位写一份食谱”的愿望，我们决定制作黑布丁。没想到它会成为我们餐厅最鲜美的一道鱼餐。

制成：2根大血肠

3个红葱头，切成片
25克黄油
盐
¼茶匙现磨肉豆蔻
¼茶匙丁香粉
¼茶匙现磨黑胡椒粒
150毫升稠奶油（双层/浓奶油）
100克现磨奶油面包屑（粗磨）
100毫升鱼血，来源：刚打捞上来的野生王鱼/琥珀鱼/西班牙鲭鱼（不要用金枪鱼血，气味太重）
80克酥油

在深底锅里放入黄油与红葱头，用温火焖至完全变软，需要5分钟左右。撒盐，加入香料，再焖2分钟，或焖至散发出香味。从炉子上拿开，加入奶油，直至完全冷却。

放入面包屑、鱼血，搅匀。看着应该像一团厚面糊。放入适量的作料。

舀出半份布丁糊，放在塑胶纸上卷成血肠，尽量卷紧，不要有空气。用同样的做法处理剩下的布丁糊，可以做成两根血肠。

半锅水煮沸，待温度降到80—85摄氏度后放入血肠煮25分钟，或是煮到肉质紧实、熟透。

将血肠放入冰水10分钟，直至变凉。小心取出血肠并切成圆片，用纸巾拍干水分。

在煎锅里加热酥油，直到升起薄烟。把肠片小心放入锅里，两边各炸1分钟，炸到变色。从锅里取出后再稍微放一些作料。其余的肠片重复这种做法。

鱼血肠是通用食材，能和猪血肠交替使用。由于加入了乳品和香料，味道温和——要是有别的味道，那会是淡淡的凤尾鱼味。

炸鱼鳞（甜、咸风味）

鱼鳞有提鲜的作用。圣彼得海鲜餐厅开张菜单上有道菜是油炸红鲻鱼鳞，将醋粉和茴香籽粉撒在椒盐南瓜片上作为配菜。配菜中作料的口感很关键，使用得当会有助于我们做出美味的新式鱼餐。

准备较小的鱼鳞，取自牙鳕、海鲷鱼、红鲻鱼或鲔鱼。把鳞片放入冷水锅里煮沸，照此方法再重复5次。每次沸腾时加些冷水。这样不仅清洁鱼鳞，还能让炸过的鱼鳞变得软嫩。确保焯过的鱼鳞已干透，裹上少许米粉。

往锅里倒2升菜籽油，烧到冒起薄烟且温度达到185摄氏度时，小心地将鱼鳞倒进去，炸5秒钟左右，或炸至焦脆，颜色变浅。用滤网过滤，用纸巾吸干油。撒细盐，放在干燥处备用。也可以试试其他味道，如茴香籽粉、辣椒粉、海苔粉。

如果你想吃甜味的炸鱼鳞，建议在第五次水沸时把清水换成糖水（糖、水比例为60∶40）。鱼鳞会裹上一层薄薄的糖衣，炸的时候糖衣会被炸焦，如甜食般可口。

串烤鱼杂和肋间肉

吃木炭烤鱼杂，口感会比较咸，烟熏味更浓，更加美味。本书介绍了一些鱼杂食谱，这道特别的烤串为丰富的食材添加了一抹烟熏味及一丝优雅。为了保留鱼杂的原始味道，建议根据肉的种类撒不同口味的调料。

1. 肋间肉，搭配凤尾鱼露和柠檬汁

从石斑海鲈鱼片里抽出肋骨时，我们的脑海里闪现出烹饪肋间肉的画面。像羊肋肉一样，这些肥而耐嚼的鲜肉是不会被怠慢的。

拆下肋骨和肋间肉之后，把每根骨头中间突起的肉刺切掉，放在一旁。（不用把筋抽掉，烹饪时它们会溶化的。）

用不锈钢肉扦或干净的肋骨（肋间肉是从肋骨上切下来的）把鱼肉串起来，再用酥油刷一刷，撒上海盐。放在炭烤架、烤盘或炭烤锅上，每面烤30—40秒。从火上拿开，浇上鱼露（翻到73页）、柠檬汁和黑胡椒粉。

适合这么做的鱼包括：石鲈鱼、深海鲈鱼、石斑海鲈鱼、条纹鳕鱼、大西洋鳕鱼，以及多数的鲷鱼和王鱼。

2. 鱼心和脾脏，搭配香辣椒酱

预热炭烤架或烤盘。把两块野生王鱼心切成片，把两块野生王鱼的脾脏纵向切四块。把鱼杂串在一根不锈钢肉扦上。撒点海盐，刷少许橄榄油或精炼酥油。

炭烤架或烤盘烧烫，鱼杂串的两面各烤20秒。脾脏中心还是粉色的。将鱼杂串从烤架上取下，往上面挤些柠檬汁，加少许香辣椒酱提味（见提示）。

提示：香辣椒酱是用红色长辣椒熬制的，辣椒对半撕开后放在岩盐里腌3个月。这样辣椒会变得更软，味道更甜。韩国苦椒酱也可以使用。

3. 鱼肝搭配柠檬果酱

把大个的石鲈鱼或深海鲈鱼肝上能看得见的动脉血管或细小的杂质剔掉，拍干水分。把鱼肝切成4块1厘米宽的条状，用不锈钢肉扦串起来。撒点海盐，薄薄地刷一层橄榄油或酥油。

炭烤架或烤盘烧烫，鱼杂串的两面各烤20秒。鱼肝中心是粉色的。从烤架上取下鱼杂串，往上面挤些柠檬汁，刷少许现成的柠檬果酱或橘子酱提味。

4. 鱼子搭配黑胡椒粉和绿柠

把鱼子捏成小球，串到不锈钢肉扦中间的位置。（较小的鱼，如鲻鱼、鲉鱼或牙鳕鱼的鱼子适合这种做法）。鱼杂串撒点海盐，刷上少许橄榄油或酥油。

确保炭烤架或烤盘烧烫，鱼杂的两面各烤20秒，翻面时要特别小心，不要弄破卵包膜（稍微加热一下鱼子就可以）。从烤架上拿下鱼杂串，挤片绿柠。撒上山椒粉，或者把等量的川椒粉、杜松粉和黑胡椒粉混合起来，当作料撒上去。

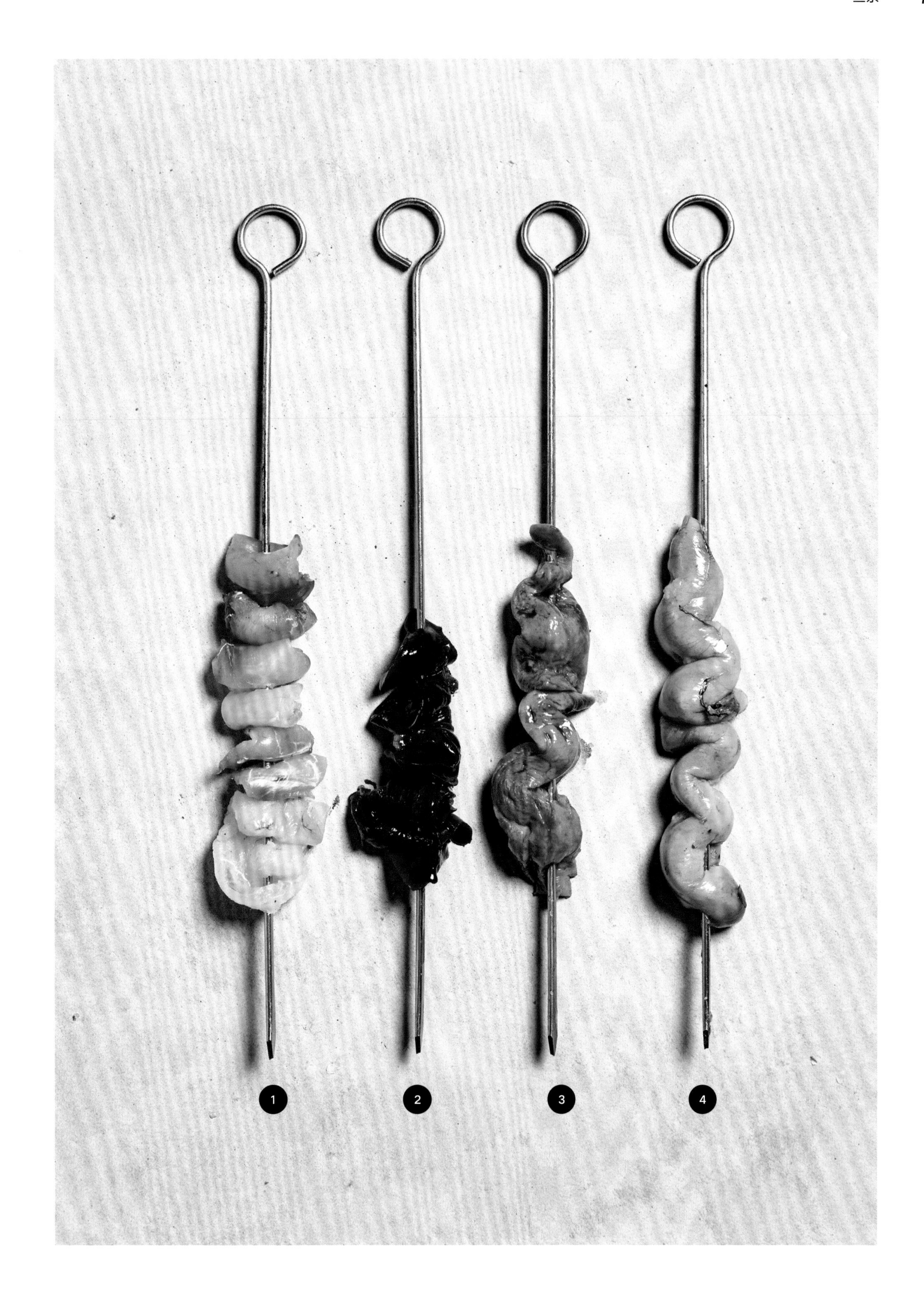
1
2
3
4

鱼白香肚

这份食谱是保罗·法拉格在鱼店开张时写出来的，起初，这道菜我做得不是很成功。保罗和我都觉得这份食谱有待改进，我们应该让多种鱼味变得更加独特，把它们融合起来。

制成：12—13份前菜

鱼白底料

80克盐
1升水
250克去皮的红娘鱼片
250克无皮海鲡鱼片（或者鳕鱼或鲷鱼片）
150克新鲜鱼白（来自西班牙鲭鱼或野生王鱼）

调料与乳化料

80克 墨累河鳕鱼脂，切成丁
20克 细盐
1茶匙现磨黑胡椒粒
150克绿橄榄（去核），切成薄片
50克脱脂奶粉
10克胶质粉末或黄原胶粉

把料理机中的搅拌壶冷冻一下，直到冷透（见提示）。

将红娘鱼片、军曹鱼片和鱼白放入沏好的盐水中腌24小时。

腌制墨累河鳕鱼脂丁，撒上细盐，冷藏2天。

把鱼片和鱼白上的盐分清洗掉，将一小锅水煮沸后关小火，把鱼脂丁放进去，在温水中焯10秒。把鱼脂丁捞出来，放在冰块里冷却，然后放到一边。

把腌鱼片和鱼白放到冷冻室直至变冷、变硬。千万不要让它们结冰！

用事先冷冻过的搅拌壶将每种冻鱼片单独搅成糊，再倒入搅拌壶里一起搅拌，然后慢慢地往冻鱼白里填塞直至乳化。一旦乳化，就把肉糊从搅拌壶里取出，用细孔滤网过滤一遍，滤掉里面掺杂的肉筋或杂质。

用橡胶铲搅打所有的作料和乳化糊，直至融合，然后倒进冰碗里冷却大约20分钟，再用腌好的鳕鱼脂丁将它们裹住。

用保鲜膜包好混合食料，紧紧地卷成原木状。放进85摄氏度的温控水盆里灼一会。盆内温度达到65摄氏度时鱼白香肚就做熟了。

尽快将香肚放进冰水中，等到冷透。

冷藏一夜，第二天切成片，和其他熏鱼火腿和鱼肉肠一起做成熟食拼盘或白色三明治（白面包里涂上番茄酱）。

提示：温度很重要，因为每样食材都要保持冰鲜，而又不能结冰。

鱼 露

每条鱼都有不一样的边角料，这份食谱希望让大家明白，做出合格的鱼餐需要用到多少鱼肉。一般我们会考虑使用60%。就算从鱼身上切下1—2千克的鱼片，剩下的鱼肉还有很多。

我们尝试了许多方法，有的失败了，有的尚可，最终厨师崔斯坦（Tristan）开发出了这份食谱，餐厅可以用任意一种鱼的下脚料做鱼露，让长期供应鱼露成为可能。

想要做好鱼露，首先得往鱼杂盆里——盆里有小鱼（如沙丁鱼、马鲛鱼、凤尾鱼或鲹鱼）的鱼头、鱼骨和鱼皮——倒上水，水量占鱼杂总量的50%，再倒细盐，盐量占鱼杂总量的20%。鱼杂经搅拌之后装入旋转盖玻璃罐里密封，放进循环水槽里，温度调到40摄氏度，泡7天，每天搅拌一次。不用循环水槽也可以，但是如果你想尝试做鱼露，建议购买一套，因为鱼的下脚料对温度比较敏感。也可以用灭菌玻璃罐装鱼露，把罐子存放在低温阴暗处，每天都要搅拌。鱼的胆囊务必要取出，它会让鱼露变苦。这份食谱大有用武之地，可以在制作扇贝露、明虾露或墨鱼露时做参考。

熏鱼心、脾脏和鱼子

这类鱼杂保质期很短，如果暂时没有其他方法，就用大量的盐腌制它们。每条鱼只有一颗心和一只脾脏，处理的时候，我们先把它们集中起来，然后再倒盐。鱼杂尽量不要带血，抹上盐之前它们必须是坚实、无杂质的。

将烟熏和干燥后的鱼杂磨碎，撒在温热的食料上，会飘出一股浓浓的气味。比如撒在盐烤芹菜上，或是当作金枪鱼肋排的配菜，或者放进凉菜里，尝起来有点像木鱼花、凤尾鱼和金枪鱼干的味道。

5—6千克的鱼心、脾脏，或者野生王鱼、鰤鱼或黄鰤鱼的鱼子
500克左右的精制细盐，刚开始腌鱼时这些就已足够。
1块14克重的湿的熏山核桃木或熏樱桃木片。

在鱼心、脾脏或鱼子上撒满盐。要让它们彻底被盐盖住。可以尝试其他口味，如柑橘皮、草本植物或香料。

把盐平铺在干净的塑料容器的底部并全都盖住，然后把鱼杂放进去，撒上盐。把盛了鱼杂的容器放进冰室里，不用盖盖子，等7天。然后用洗干净的手摸一下鱼杂是否变硬。如果它们还是软的，就在接下来的4—5天里用新鲜的盐重复这道工序。

鱼杂全都腌好后取出，抹掉多余的盐。

在冷熏机里冷熏鱼杂20—30分钟，可以根据你想要的程度调节。也可以在双汽蒸锅的顶部盖一张铝箔，在锅底放湿熏木片进行冷熏。

稍微预热一下烤箱。将鱼杂取出，放在烤架上，然后在烤箱里干燥12个小时，直到干透。待鱼杂变凉后再放到密封塑料容器里或真空包装袋里，备用。

滑鱼喉（又名：kokotxas）

这道菜吃起来黏黏的，是巴斯克语国家的特色菜，(初次与它邂逅是我在巴黎工作期间)。我们经常用无须鳕鱼或条纹鳕鱼来做这道菜。它是一道鱼喉餐，鱼喉是鱼鳃正下方的边角。我喜欢做这种滑鱼喉，有时会在鱼喉上淋一些油，撒上海盐粒，放在炭烤架上烤，一直烤到皮发黏，肉质变软。

4人份

8块 石斑鱼鱼喉
150毫升酸果汁
60克黄油
少量的盐
1片龙蒿叶

把鱼喉和所有食材放进小锅里，盖上烘焙纸焖12分钟至收汁且出现釉状的黏液。鱼喉可以搭配鱼片，也可以搭配豌豆。(我会用少许鱼汤、橄榄油、龙蒿叶和黑胡椒粒提前煎熟豌豆。)

“鱼”料之外

有时，我们会尽全力寻找优质的鱼，最终会事与愿违。我想写一些“鱼”料之外的事（在料理鱼时发生的意外情况），在某种程度上，我们需要坦然面对它们。这些情况包括：为何鱼有时会在锅里卷起来；为何将鱼肉放进浓粥里；为何鱼闻上去有股异味。由于担心做出来的鱼肉涩口、绵软、难闻或者过了火候，我每天都不断地尝试、品味。对可能出现的几个问题我想提一些拙见。

1. 碰到有“怪味”的鱼肉该怎么办？

鱼肉里有一种无味化学物质叫氧化三甲胺，又叫TMAO。鱼被宰杀后这种物质就会暴露在空气中，TMAO会慢慢分解成相应的氨衍生物，闻上去很怪。TMAO含量可以反映出鱼的新鲜程度，据说有两种方法可以让这股怪味变淡。

第一种方法：用自来水冲洗。

这种方法效率较低。鱼就像海绵一样，会吸收身上的水分，清洗鱼肉会缩短保质期，损伤口感和味道，很难达到理想的烹饪效果。所以，我提议在准备和储存鱼肉的过程中对鱼片进行干式处理（翻到27页）。

第二种方法：用酸性食材处理鱼肉，例如柠檬、醋或番茄，它们可以让TMAO溶解于水，降低它的挥发性……这样我们就闻不到怪味了。

身为厨师，我觉得这个方法不错，这样你就理解为何在海鲜餐旁都会放有柠檬角。鱼肉里都含有酸性物质——它们能中和各种杂味，突出香味，遮盖异味。荷兰酱里的醋，白黄油酱里的白葡萄酒，塔塔酱里的酸豆和酸黄瓜，以及鱼餐之王——法式杂鱼汤里的番茄和葡萄酒，这些都是酸性的。想必我会第一个说“白黄油酱烤牙鳕让我吃得很开心”；让我欣喜的另一件事情是，如果处理、储存方法得当，鱼肉会拥有另一番风味，口感会更丰富。这样不仅可以让做鱼的时间宽裕些，还能通过搭配弱酸型配菜，如蘑菇、栗子和洋葱，让鱼餐焕发新的光芒。

2. 碰到很韧的鱼肉该怎么办？

韧鱼综合征（TFS）表现在某些热带岩礁鱼及其变种鱼身上，它们的肉经过烹饪会变韧，很难嚼烂。吃之前和其他的鱼肉没有两样——鱼片的外观和生的时候的样子很像那些不韧的鱼肉，一旦做熟，口感就不一样了。

感染TFS的鱼在烹饪时会打弯，渔民处理不当也会出现这种情况。

如果我们买了疑似感染TFS的鱼，一定要先从尾部切下一小截试煮一下，这样你就知道鱼是好是坏了。不幸的是，如果你真的买到这种鱼，就没法克服肉韧的问题了；这种鱼肉煎鱼片时依旧会很韧，难以入口。腌制或冷熏是处理这种鱼的最好方式。

【反复尝试】

我在采购鱼时比较仔细，不管买什么鱼，都要从尾端切下一小截（肉连着鱼骨）煎透，这样才能一探究竟。没有问题的鱼的肌肉组织保持完整，哪怕煎得再久肉也是紧实的，那么这条鱼就是条好鱼。如果买来的是感染了TFS或寄生虫病的鱼，做熟后的鱼肉一定是韧的或绵软的。

试做一小截鱼片不仅是厨师们要提前完成的任务，也是美食爱好者的功课。自己先试吃做熟的鱼片，再请其他人也尝一下，才能确定鱼的好坏，从而更理性地选择配菜和烹饪方法。

3. 碰到绵软的鱼肉该怎么办？

有一种寄生虫会藏在某些海鱼的鳃里。提到它是想解释为什么有的鱼经过烹饪会变得绵软，这一点很少有人了解。不只是澳洲水域里的鱼会有这种寄生虫，全球海域中大部分的鱼类都可能染上。虽然寄生虫对人类不构成威胁，但是会给渔业和鱼市制造麻烦，毫不知情的顾客吃了这种有寄生虫的鱼，体验感非常不好。

当厨师的那几年里，寄生虫问题非常普遍，如野生王鱼、鲯鳅鱼和西班牙鲭鱼，一经加热，鱼肉就变得软而松散。与我合作过的厨师会问“为什么选择野生王鱼”，它可是比脂肪更厚、皮肉更硬的养殖型王鱼嚼着更绵软啊。凭我的经验，就算买到了一条“绵”鱼，还是有可能吃到有嚼劲的鲜美鱼肉。

不过，你不可能确定刚买回来的鱼是否含有寄生虫，除非等做熟以后。建议先取鱼身上的一小段肉做个试验，然后再考虑要不要做剩下的部分。

---

4. 碰到生熟不辨的鱼肉该怎么办？

之前钓上来的蓝眼鳕鱼或石斑海鲈鱼被切开时，我发现它们的肉像熟了一样。鱼肌看似是撑开的，大量汁液由内往外渗，红肌或侧线完全氧化，而且还有缺损。

原因可能有很多，最值得注意的是，在鱼钩上死去的鱼在被放进冰浆之前常常还保留着体温。残存的体温会破坏肉质，使肉变松软，更严格地讲，这些肉就像是熟肉。另一种情况——用渔网捞到的鱼被放进冰块较少的冰浆后，鱼身还有体温——也会造成上面的问题。唯一的检查办法是，看一下鱼肉的状况，要是不保险的话最好先试做一小块肉。

煎鱼片时如果发现流出很多汁液，就说明肉眼可见的蛋白（白斑）从鱼肌里渗出来了，这时最好不要把鱼做熟，建议让鱼店联系提供鱼产品的渔业公司或渔民，让他们了解这个情况。

---

5. 鱼肉熟过头了该怎么办？

有些时候，火候不足和火候过了只相差几秒钟，但就算用高温把鱼片炸透也不一定会获得最佳口感。鱼的做法有很多种，最难把握的就是火候。

举个例子。一般来说，煮鱼比煎鱼的发挥余地更大，因为温度容易控制。煎炸裹面包屑的鱼肉也比较容易上手，适合让业余厨师练手，因为这层面包屑在烹饪时会形成一道“篱笆”或保护网，让鱼肉外焦里嫩，鲜香、紧实，就算煎过了头，味道仍然会很鲜美……最好加一些乳酪塔塔酱（翻到144页）。

如果你是烹鱼新手或者经验较少，建议购买一只鱼温计。

THE R

缤纷

ECIPES

鱼谱

生鱼片、熏鱼和腌鱼

适合生吃、熏制和腌制的鱼包括：

长鳍金枪鱼

红金眼鲷鱼

凤尾鱼

北极红点鲑

蓝色马鲛鱼

鲣鱼

针嘴鱼

红娘鱼

沙丁鱼

海鲷鱼

地中海海鲈鱼

鲷鱼（包括红鲷）

鲹鱼

金枪鱼

鳕鱼

黄尾鱼

想要做好生鱼片，关键要看鱼自身的口感和味道。干式熟成、熏制、腌制、盐水浸泡和五分熟煎法都能帮我们挖掘独特的口感和味道。生吃、熏制或腌制鱼片的好处是，若处理得当就无须添加其他食材，凭借天然的鱼味便能俘获人心。

准备生鱼片前，先要考虑切肉还是切皮，从尾端还是从前端下刀，因为鱼的纹路是不一样的。（我做每一条鱼都会尝试各种切法，希望找到令人满意的纹路。）确定了想要的纹路后，我要考虑加工方法：吃鱼前需要在鱼片上淋一些果味橄榄油吗？现在放作料，等30分钟后再吃，肉质会更硬一些吗？是不是应该熏一下这条鱼，让它呈现火腿肉的纹路？冷熏会不会让这条鱼吃起来更香呢？

关键是要尽量简洁，只做必要的事，其他的不必考虑。下列食谱所用的食材比较简单，有关生吃、熏制和腌制的建议可以用于各种鱼片。

左页和第86页图：青嘴龙占鱼

生鱼片的基本知识

不是人人都爱吃生鱼片，它对我来说是一种干净、务实的品鱼方法，酱汁和作料能让清淡的鱼味变得浓香。

1.

改变生鱼片的口感和外观。可以用带皮的生鱼片招待客人。把选好的鱼片放在金属架上，皮朝上，用长柄勺舀三次烫水（每次250毫升）浇在上面。这样会让鱼皮渐渐软化到口感适中。另一种方法是在鱼皮上薄薄地抹一层油，然后把它放进热铁锅里的烘焙纸上，摆放鱼片时要小心，皮朝下，贴住纸。等五秒钟，让鱼片牢牢地贴在锅底，然后拿出来。高温会让鱼皮呈现冷熏后的那种纹路，肉质更紧实，味道更可口。

2.

用青柠汁或酸性食材。这种做法很受欢迎，能有效地提鲜。将青柠汁（是腌鱼的传统食材）倒进去，几秒钟后，它就开始腐蚀蛋白质了，鱼片渐渐由生变熟。其他酸性食材（如酸果汁、氧化葡萄酒和发酵果汁）也可以作为酸性发酵液给鱼片调味，但不会像柠檬汁那么快。

3.

干式熟成鱼片（翻到29页）。这种做法能改善生鱼片的味道，前三天看不出显著的变化。这道鱼餐最好用熟成了3—36天的黄鳍金枪鱼来做。带鱼骨的鱼片在可控的环境下熟成，口感会由“紧实、微甜、有点咸”变得更加结实，闻上去很像“蘑菇金枪鱼干”那道菜。

沙丁鱼和凤尾鱼，搭配百里香柠檬油

若是买到非常新鲜的沙丁鱼和凤尾鱼，一定要用这份食谱。鱼肉保持微温（不冷）和半生不熟，对口感和味道来说很关键。让这两种美丽的鱼相遇，对我来说要比看到松露和鹅肝酱成为搭档更有意思。

4人份

10条新鲜沙丁鱼（整条）
10条新鲜凤尾鱼（整条）
海盐片和现磨黑胡椒粒

百里香柠檬油

500毫升优质橄榄油
2汤匙 百里香柠檬叶或本地百里香叶

准备沙丁鱼：鱼尾朝右（如果你惯用右手），脊背正对自己。切沙丁鱼片时将内脏留在体内，提前掏取的话太耗时。在鱼头后面切一刀，将鱼下巴分离出来。这样你就能干脆利落地切鱼片了——仅一刀就能完整地将鱼片从头到尾切下来。第一片比较好切，因为下面有肉撑着。第二块比较难切，建议把鱼放在砧板上切。不用钳掉骨刺，用小刀切掉肋骨就行。

然后切剩下的沙丁鱼和凤尾鱼片。不要扔掉鱼骨、鱼头或内脏，它们可以做成鱼露（翻到73页）。

热油：我喜欢用料理机，如果没有就用小煎锅，把橄榄油和百里香叶加热到85摄氏度，再放进搅拌机里搅到飘出香气。要是使用料理机，就把温度调到85摄氏度，高速搅拌10分钟，直到飘出香气。然后用垫了棉布的过滤网过滤一下。

在温热的餐碟里摆上5条凤尾鱼，把沙丁鱼放在最上面。用同样的方式摆另一个餐盘。撒作料提味，往盘中倒足量的油，将盘底铺满。滴少许柠檬汁去油腻。准备足够多的脆皮面包来搭配这道鲜鱼小食。

备选鱼：

鲱鱼
马鲛鱼
鲹鱼

盐渍拟鲹，搭配柠檬酸果汁

既然酸果汁能让鱼肉更紧实、更肥美，这道菜算是把我这个想法付诸实践。调制柠檬酸果汁需要做一些简单的准备工作。

4人份

4块去骨拟鲹或鲻鱼鱼片，带皮。
海盐

柠檬酸果汁

250克中国柠檬（Meyer Lemon）或整只佛手柑，当季的柚子也可以
2升精制酸果汁
2汤匙细砂糖
少量的盐

酸果汁调料

2汤匙芫荽籽
少量的盐
1汤匙瓶装（精）盐
2个小红葱头，切成小圈
140毫升橄榄油
80毫升柠檬果汁

调制柠檬酸果汁：将柠檬和其他食材放进无菌玻璃罐里。密封后冷藏至少7天至香味变浓。把食材盛入干净的罐子里冷藏，备用。

制作调料：小煎锅里放入芫荽籽，用中温烤至有香味。冷却后，将芫荽籽捣碎。将芫荽籽粒、盐、糖和葱头圈混合，至少放30分钟，最好能放一夜，然后把橄榄油倒进酸果汁里，搅匀，备用。

准备鱼肉：鱼肉上不能残留鱼鳞或鱼骨。肉朝下，皮朝上。用手指掐住最靠近鱼头处的皮，轻轻地从肉上拉下来，露出下面的“银色体膜”。将鱼片切成厚块，在小盘子里摆好，撒些海盐。

往鱼肉上洒少量的调料，保证每只盘子里的芫荽籽和葱头圈都一样多，达到室温后上餐。若是准备丰盛的拼盘，建议放一些清脆味香的菜叶，如菊苣、芝麻菜或小萝卜，味道超棒！

备选鱼：

凤尾鱼
马鲛鱼
沙丁鱼

红鲷生鱼片，搭配绿杏仁、无花果叶油和鱼露

澳洲本土红鲷鱼，又叫棘鲷，肉质紧实、味甜，有点像贝壳类的质感。这种鱼吃起来有劲，比普通的鲷鱼更有味。

“澳洲之春”就是绿杏仁，是我最爱的食材，多汁、微酸、清脆，是生鱼片的最佳拍档。

4人份

2条无骨红鲷鱼（棘鲷）或海鲷鱼带皮
300克新鲜绿杏仁（见提示）
100毫升（优质）鱼露（翻到73页），白酱油或生抽
100毫升无花果叶油
绿柠汁（1个绿柠）

无花果叶油

125克新鲜无花果叶，也可以用泰国柠檬叶或月桂叶
250毫升橄榄油

调制无花果叶油：将无花果叶和橄榄油倒进85摄氏度的料理机快速搅拌10分钟。在盛有冰块的大碗里放一只小碗，将橄榄油过滤，滴进变凉的小碗里。然后将橄榄油料倒入密闭的容器里，放进冰箱冷藏，备用。如果没有料理机，就用小锅把无花果叶和橄榄油加热到85摄氏度。然后倒进搅拌机里低速搅拌，渐渐调高转速，再搅拌5—6分钟，直至散发香气。

准备食材：煮沸一小锅水。

在鱼皮上划8道口子，不要划到鱼肉，然后把鱼摆在金属架上。用50毫升的长柄勺把开水泼在每片鱼皮上，泼3次，然后放入冰箱冷藏30分钟，让鱼片变干。

处理绿杏仁：纵向对半切开，把外壳敲裂，小心地将杏仁肉从壳里拉出，或者直接用刀尖把肉剔出来。将杏仁肉放置一旁。

切鱼片时从头切到尾，厚度5毫米。每份大概8片鱼片，每片重75—80克。把鱼片码在餐盘中央，浇鱼露、无花果叶油和绿柠汁，待达到室温后上餐。

提示：绿杏仁去壳后要立即食用，否则容易氧化、变色（如果需要提前去壳，建议把果肉保存在牛奶里，防止氧化）。取适量无花果叶油用来搅拌，剩下的冷冻起来，可以用作沙拉调料，搭配烤猪肉，还可以将油刷在熟鱼片上。

备选鱼：

长鳍金枪鱼
海鲈鱼
海鲷鱼

野生王鱼，搭配鱼子酱

蛋黄酱，也就是传统的法式冷卵酱，是这道鱼子酱的灵感来源，它是用熟鱼子、刺山柑、酸黄瓜、欧芹、山萝卜、龙蒿叶和橄榄油调制而成的。把同一条鱼身上的鱼子和生鱼片做成拼盘是很特别的点子。这道菜能体现出高超的厨技，展现多元口感和味道，对整条鱼表达了崇敬之情。这份食谱的备选鱼包括海鲂鱼、石斑鱼、黄尾王鱼、墨累河鳕鱼和虹鲹等。

4人份

400克无骨野生王鱼的鱼片，带皮

鱼子酱

250克鲜鱼子，从卵包膜上刮下来
500毫升初榨橄榄油
半茶匙法式芥末酱
半茶匙霞多丽干白葡萄酒醋，或者白葡萄酒醋，加少许糖
1把山萝卜，剁碎
半把龙蒿叶，剁碎
30克刺山柑，干燥后剁碎
90克酸黄瓜，干燥后剁碎
海盐片和现磨黑胡椒粒

准备调料：从卵包膜里刮出鱼子放进锅里，浇上橄榄油。调到最低温挡，搅动10分钟，或者搅到鱼子熟透，用漏勺捞入碗中并冷藏20—30分钟，锅中留出250毫升的橄榄油。

取出鱼子并加入芥末酱和酒醋，然后倒入橄榄油里搅拌，也可以一点点地往里面滴酒醋或温水，直到鱼子酱变稠、呈奶油状。然后倒入绿叶菜末、刺山柑末和酸黄瓜末，撒上作料提味。放置一边。

把鱼片摆好，皮朝下，将鱼片的尖面朝里。用刀刃在鱼皮和鱼肉之间划动，刀刃向下方的鱼皮微微倾斜，向前划向鱼尾。应该尽量多保留一些红肌，它们味道肥美，鱼脂较厚。

剥掉鱼皮后，翻转鱼片，让红肌在上，沿着横纹切，让上腰与腹部分离。在碗中央放一勺鱼子酱，将鱼片在酱上码齐。撒少许海盐。

备选鱼：

琥珀鱼
海鲂鱼
双带鲹

生黄鳍金枪鱼丁，搭配腌洋葱、蛋黄和菊苣

黄鳍金枪鱼在干式熟成的7—9天内会更咸，为这道鱼餐锦上添花。如果金枪鱼肉不是从腰中部切下来的，就用勺子把肉筋上面的肉刮下来，代替腰肉片。

3人份

250克黄鳍金枪鱼腰中肉，最好是熟成7—9天的
2个小红葱头，切成片
80克现成腌洋葱，切成片
1把细香葱，切成葱花
2个蛋黄
60毫升优质初榨橄榄油
2汤匙腌洋葱汁（从罐子里舀的）
海盐片和现磨黑胡椒粒
2只黄菊苣，让菜头和菜叶分离

把金枪鱼切成1厘米×1厘米的肉丁，放进大碗里（务必戴一次性手套，以保证鱼肉的洁净）。加入红葱头、腌洋葱、细香葱和一个蛋黄，搅拌均匀。倒入足量的橄榄油，刚好没过食材，再倒足量的腌洋葱汁，于是酸味就出来了。撒上盐和胡椒粒。

把混合好的食材盛进盘子里，用菊苣叶把鱼肉丁围住，将另一个蛋黄倒在上面。搭配烤面包片吃，味道不错。

备选鱼：

长鳍金枪鱼
鲹鱼
剑鱼

盐渍黄瓜与蓝色马鲛鱼，搭配煎黑麦面包丁

这道菜完美地展现了“如何用盐渍法改变鱼片的口感和味道”。各种黄瓜都可以拿来用，不过我最喜欢的还是苹果白黄瓜，尝起来像牡蛎，和蓝色马鲛鱼很搭。事先准备好干面包片待烤。

4人份

4块 新鲜无骨蓝色马鲛鱼片（大概80克/每片）
80克海盐片
250毫升雪莉酒醋
4只 爆皮的杜松果
2根苹果白黄瓜或黎巴嫩小黄瓜
8只新鲜的去壳澳洲生蚝，保留海水（备选）
100毫升优质初榨橄榄油

黑麦吐司

1.2升全脂纯牛奶
3个小红葱头，切成片
1片月桂叶
3枝百里香
1条500克的隔夜黑麦面包（其他酸种面包也行），去硬皮，切成5厘米见方的面包丁
细盐
1升油菜籽或棉籽油，煎面包时用

烤箱调到最低温挡。在里面放两个铺了烘焙纸的烤盘。

处理黑麦吐司：把牛奶、葱头、月桂叶和百里香放进锅中用中火煨一下。从炉子上拿开，放进面包块，用烘焙纸盖上。等20分钟，直到面包泡软，再放到食品加工机里搅拌成软糊。将面包糊薄薄地摊开在烤盘上，边缘要展平，然后放进烤箱里干燥一夜。

第二天，用中到大火把大锅里的油加热到170摄氏度，从烤盘里撕下一块面包放入锅里炸20秒，直至金黄、焦脆。用纸巾拍干油，撒盐，再炸剩下的面包。将炸好的面包丁放在温暖干燥处，备用（炸好后1小时内品尝最佳）。

腌马鲛鱼片：将鱼片各面均匀地抹上盐，放在托盘里冷藏2小时，不用盖。

把鱼片浸泡在加了雪莉酒醋和杜松果的盆里，冷藏30分钟。

同时准备黄瓜：削皮，切成1厘米 × 1厘米的黄瓜丁，去籽。

从酒醋盆里把腌好的马鲛鱼片拎出来，保留上面的醋汁。皮朝上，用手指掐住最靠近鱼头的皮，轻轻地从肉上拉下来，露出里面的“银色体膜”。把整块鱼切成片，每片约1厘米厚。把鱼片和黄瓜放在餐盘中间，每个盘子里放两只澳洲生蚝，上餐前在黄瓜上淋一些澳洲生蚝原汁和腌过鱼片的醋汁，浇上橄榄油，搭配煎黑麦面包丁。

备选鱼：

鲣鱼
针嘴鱼
黄尾鱼

精选熟成、腌制、熏制的鱼火腿，搭配泡菜小黄瓜

这道菜更像是按照鱼火腿食谱（58—61页）做成的什锦鱼餐。与所有美味的熟食一样，腌黄瓜（酸黄瓜或泡菜黄瓜）很适合用来增加酸味。乳黄瓜搭配烟熏鱼肉，味道很赞。乳黄瓜用途广泛，一有机会它们就会立刻成为厨房之星！

6人份

100克保罗的五香马林鱼火腿片（翻到58页）
100克腌、熏过的褐鳟鱼片（翻到60页）
100克风干的腌月亮鱼片（翻到61页）
100克熏剑鱼干（翻到60页）

乳黄瓜

90克细盐
3升水
1汤匙烤茴香籽
2汤匙黑胡椒籽
2只大蒜瓣，压碎
1千克腌小黄瓜

制作乳黄瓜：把盐、水、茴香籽、黑胡椒籽和蒜末放进干净的大碗里（最好碗边有出水口），搅到盐完全溶解。

把黄瓜洗干净，放进无菌玻璃罐里，倒入盐水，盖一张烘焙纸，让黄瓜在里面浸泡一会。把罐子密封好放在阴凉处，让黄瓜发酵至少5周，然后拿出来食用。罐子一旦打开过，就要将乳黄瓜存放到冰箱里。

把鱼火腿，腌、熏过的褐鳟鱼片，风干腌月亮鱼片和熏剑鱼干切成薄片，把残留的碎皮撕掉。把鱼片码在砧板上的烘焙纸上或餐盘中，待达到室温。

吃鱼片时建议搭配热法棍、冷藏优质黄油和乳黄瓜。

备选鱼：

鲣鱼
王鱼
金枪鱼

见后页图

BUTCHERY

Pure 301 Steel
CHROMA
DESIGN BY F.A.PORSCHE

煮鱼

适合煮的鱼包括：

北极红点鲑
石斑海鲈鱼
蓝眼鲹鱼
红娘鱼
黑线鳕鱼
石鲈鱼
王鱼
墨累河鳕鱼
鲽鱼
阿拉斯加狭鳕鱼
西班牙鲭鱼
鲷鱼
多宝鱼
鳟鱼

煮鱼法已渐渐落伍，油煎、烘烤和真空低压法现在比较受欢迎。可能是很多人觉得煮鱼比较难，或煮出来的鱼肉口感、味道不佳吧。

用清水或加了调料（如草本植物和香料）的高汤（会让鱼味更微妙）煮鱼比较健康。用黄油或鱼脂来煮鱼是煮不出鱼的鲜味的。

作为一种温湿烹饪法，煮鱼能让鱼肉保持水润，让调料的香味直接渗入肉里。鱼汤有多重功效。下次煮鱼汤时，不妨想一想汤里的鱼肉尝起来如何。我用绿橄榄、意大利乳清干酪的乳浆和熟蘑菇的汁液熬出了这道鲜美的鱼汤。

左页图：蓝眼鲹鱼（熟成2天）。

煮鱼的基本知识

下列煮鱼方法能让你灵活应对各种鱼味和煮鱼食材。等到你能自信地运用这种煮法时，做出咖喱鱼片、鱼汤和鱼头砂锅这类鱼餐就不成问题了。

1.

锅里放入汤底料和调料后盖上锅盖加热。煮沸后把锅从炉子上拿开，放在案板上。揭开锅盖，让水温降到85摄氏度（用鱼温计测温），小心点，汤水很烫。把一盏盛着鱼的浅盘放进锅里，盖盖关火焖6分钟，具体还要看鱼肉的厚度和鱼的种类。

2.

用漏勺把鱼舀到一个干净盘子里，皮朝上放置4分钟，然后轻轻地把皮剥掉。鱼皮容易剥就说明鱼肉基本上熟了。我们为什么不吃带皮的肉呢？因为煮鱼的水温只有65摄氏度，有些鱼皮这时候仍然会很紧、很韧。

提示：鱼皮不要扔掉，放回汤里，它们是接下来要熬的精髓底料。鱼皮上面的胶质是一种增稠剂，会让高汤更黏稠。用这种汤底料煮出的鲜鱼汤或鱼露可以浇在煮熟的鱼肉上面。每次用完餐后把鱼汤、鱼皮或汤里的沉淀物煮沸，过滤一遍。然后冷冻。

3.

上餐前，把鱼盛进盘子，浇上100毫升的高汤，倒上橄榄油，撒些海盐片。

水煮石鲈鱼，搭配洋蓟和蒜蓉蛋黄酱

当学徒时我经常光顾悉尼的餐厅，有时会把月薪全部花在丰盛的大餐上。在那段探店的日子里，我吃过的最美味的煮鱼是小酒馆餐厅（Bistrode，最爱光顾的餐厅之一）的水煮王鱼，洋蓟是用酱汁做熟的。下面是这道煮鱼餐的做法。

6人份

6块180克石鲈鱼、石斑海鲈鱼或条纹鳕鱼片，带皮，钳掉骨刺

酱汁

1汤匙芫荽籽
半汤匙茴香籽
半汤匙黑胡椒籽
1片新鲜月桂叶
4枝百里香
300毫升橄榄油
半头洋葱，切成片
半根胡萝卜，切成片
半根芹菜茎（取中段），切成段
半头蒜
500毫升干白葡萄酒
500毫升水

蒜蓉蛋黄酱

2块蛋黄
半汤匙法式芥末酱
2汤匙白葡萄酒醋
细盐
250毫升葡萄籽油
柠檬汁（半只柠檬）
3瓣大蒜瓣，切成末

配菜（备选）

1千克耶路撒冷洋蓟，对半切开
半把法国龙蒿叶、意大利扁叶欧芹和山萝卜，择掉叶子
3片酸叶草，切成片
半把莳萝，去枝

备选鱼：

北极红点鲑
石斑海鲈鱼
无须鳕鱼

调制酱汁：用细纱布把香料和草本植物包起来扎紧，留做配料。

锅中加热橄榄油，把洋葱、胡萝卜、芹菜和蒜瓣放入煎7分钟，煎至变软且未变色。倒葡萄酒和配料，煮沸，加水后再次煮沸，放到一边。

调制蒜蓉蛋黄酱：碗里放蛋黄、芥末酱、醋和盐，搅拌至完全融合。然后一边搅一边浇葡萄籽油，搅成乳膏。然后再加点盐，柠檬汁和蒜蓉提味。这时乳膏像打发过的奶油一样厚实，需要的话可以加少许温水稀释一下。放置一旁备用。

锅中倒500毫升酱汁以及煮过的菜，放到一边。将剩下的酱汁倒进厚底带盖的大锅里，煮开，然后加洋蓟煮到变软，然后舀出来备用。

把锅从炉子上拿开，把鱼放进去，盖上盖子等7—8分钟，直到鱼肉刚好变得不透明。小心地把鱼盛入盘中，轻轻剥去鱼皮（翻到109页）。

把龙蒿叶、欧芹、山萝卜、酸叶草叶和莳萝混合，备用。

把备好的500毫升酱汁和所有配菜及煮过的洋蓟一起烧开，然后浇到鱼身上。放一大勺蛋黄酱在菜上，放几片草本植物。

提示：传统上，我们会用酱汁来煮和储存洋蓟。煮出的汤会浮现一层厚厚的油脂，不要撇掉，可以用来做油醋汁。香料和蔬菜也是熟鱼片的理想搭配。

香油煎鲣鱼，搭配烤茴香和炸薯片

滤油法很适合用来煮鲣鱼、金枪鱼、马鲛鱼或沙丁鱼。我爱用鲣鱼，因为这种鱼的肉在烹饪后会轻松地从鱼肌上滑落。时令鲣鱼会有一股海水味，肉质紧实，适合生吃或微烤食用。茴香和八角是常用作料，我很喜欢。烤生茴香的时候它们的纤维会被破坏，可是依然很脆。这份食谱的配菜还包括我们餐厅研磨的海藻末，你还可以换成研磨好的裙带菜、昆布或海苔。这道菜需要提前一天准备。

4人份

1块鲣鱼1.5—3千克，带皮
1升橄榄油
100克干的黑胡椒
1片月桂叶
一小把杜松果
一小把迷迭香
盐

炸薯片

2个高淀粉大土豆
少量盐
油菜籽油

茴香调料

1个茴香头，头不用择
170毫升橄榄油
80克海藻末
少量盐
1茶匙 细砂糖
60克红葱头，切成小圈
50毫升霞多丽葡萄酒醋，或者往白葡萄酒醋里加少量的糖

炸薯片：烤箱调到最低温挡预热。土豆削丝后放入冷水里，撒少量的盐，浸泡一会后煮沸。煮大约20分钟，煮至土豆丝变得很软，淀粉水变稠。

用漏勺将土豆稠浆从锅里捞出来，留下淀粉水。在搅拌机里将稠浆搅成稠奶油（双倍/浓奶油）的样子。如果太稠，就用淀粉水稀释一下。

在烤盘里垫一张烘焙纸，摊一层薄薄的土豆稠浆，铺满盘子。放在烤箱里干燥一夜。第二天你会看到半透明的薄薯片。

准备一口厚底锅，倒半锅油，加热到180摄氏度。薯片入油炸10—15秒至淡棕褐色。从锅底铲下来，用纸巾吸干油。撒上作料后放在一边。

调制茴香调料：用切片器或小刀将茴香从头到尾均匀地切成片。锅内倒30毫升橄榄油，一边煎一边颠锅，直至茴香微微变色。

在高温烤盘或铁锅里薄薄地铺一层茴香，烤1—2分钟，中途翻一次面，然后倒入大碗里，撒上海藻末，放置一边。剩下的茴香也按此法完成。

盐、糖和葱头放入碗内搅拌，放置10分钟，再把余下的140毫升橄榄油以及醋倒进去搅拌，然后倒进茴香里，放在温暖处。

处理鲣鱼：从鱼腹处将鱼肉横切下来，再切片，每块鱼片重90—100克。

煮鲣鱼：煎锅里放入橄榄油、胡椒籽和草本植物，低温加热到48摄氏度。把鱼腰肉放入温热的油中煎12—15分钟。煎熟后把锅从炉子上拿开，再放5分钟，然后将肉夹出。用同样的方法煎鱼腩肉，因为这个部位的肉更薄，只要煎10分钟就可以了。

上餐前往盘子中央舀一勺调料，鱼肉摆在中间，撒上作料，盖上一小片薯片。

备选鱼：

长鳍金枪鱼
金枪鱼
剑鱼

澳洲本土咖喱鱼

咖喱鱼是全球海鲜餐中的重头戏。不同国家（如泰国、印度或英国）有不同做法。我之前想写一份包含澳洲本土调料（如澳洲山椒、姜、姜黄叶和百里香）的食谱，大家可以拿来参照，一样能做出美味的咖喱鱼。

8人份

100克粗糖
100毫升鱼露（翻到73页），或优质鱼酱，按需准备
6升椰子水
8块墨累河鳕鱼排（也可以切成厚鱼片。见提示）
绿柠汁（2只绿柠）

腌提子

975毫升红葡萄酒醋
375克细砂糖
1汤匙盐
600克提子

咖喱酱

芫荽籽、茴香籽和黑胡椒籽各2汤匙
1汤匙川椒粉
600克红葱头
100克蒜瓣
100克去皮的姜
4片姜黄叶或50克新鲜姜黄，剁碎
4片姜叶或50克新鲜的姜，剁碎
4片酸叶草叶
半条熏鳗鱼，保留鱼皮、鱼骨，切成2厘米的鱼条
400克腌辣椒（翻到66页），或微辣的辣椒，去籽
3片百里香或柠檬百里香枝，择掉叶子
750毫升葡萄籽油

备选鱼：

石斑海鲈鱼
无须鳕鱼
多宝鱼

腌提子：将红葡萄酒醋加糖和盐煮沸，然后浇到碗里的提子上。盖一层烘焙纸，好让葡萄浸没在糖浆里。冷冻至少2小时，最好冻一夜或更久。之后提子要在腌汁里浸泡好几个月。

调制咖喱酱：将芫荽籽和茴香、胡椒籽分几次煎烤，用中温煎到飘香。将半份香料和其他材料的一半倒入食品加工机，搅打成软糊。重复做几次，直到所有香料混合、酱料融合。

用中到大火把厚底锅加热5分钟，把调好的咖喱酱倒进去，一边搅拌一边加热，时长15分钟。一定要热透，这样鱼汤的口味会比较均衡。

放糖和鱼露煎10分钟，煎焦为止。然后倒椰子水，把汤煮开，调低火温，慢炖45分钟，或炖到汤汁减半。从炉子上拿开，至少放20分钟。

用长柄勺和粗孔滤网把汤过滤一遍，再把它分别倒进煮鱼的汤锅和煎锅里。

汤锅煮开后从炉子上拿开，放4块鳕鱼排进去，盖上盖子，焖10分钟。煎锅中的汤微微加热，需要的话再倒一些绿柠汁和鱼露。

鱼煮好后小心将鱼排从汤里捞出来，不要弄破鱼皮。把鱼排摆在盘子里，用同样的方法煮剩下的鱼排。

上餐前将温热的汤汁浇在鱼排上，搭配绿菜沙拉、糙米饭和腌提子，还有其他你爱吃的菜。

提示：达尼鱼片，是一种连骨鱼排，从鱼腹下面切下来的。也就是说鱼片里有一根主骨，方便食客将上面的肉吃干净。这种切法还能让鱼在煮的时候不易变形，煮出更鲜美的鱼肉和汤汁。

见后页图

圣彼得海鲜餐厅鱼汤

这道汤起源于传统法式杂鱼汤，稍微做了一些调整。就算熟悉了煮汤的基本步骤，你们还是会对超出食谱范围的食材感到陌生（可以选用你们当地的食材，例如那种会颠覆口感的食材）。煮汤时要有耐心，这样味道才会更好！

6人份

汤底

2.5千克马面鱼或扳机鱼（整条）
2.5千克红斑点鳕鱼（整条）
2.5千克小红鲻鱼（整条）
2.5千克红娘鱼（整条）
2.5千克蓝斑牛鳅或鲷鱼（去内脏）
120毫升初榨橄榄油
2.5千克小螃蟹（蓝花蟹，最好是棕色或沙色的）
10只国王明虾的虾壳和虾头
海盐片和现磨黑胡椒粒
3头洋葱，切成片
5瓣大蒜瓣，捣成末
1头茴香球茎，切成片
100毫升番茄酱（浓汤）
4个番茄，剁碎
半把百里香枝
10根柠檬百里香枝（备选）
1茶匙茴香籽，微烘
1个八角茴香
4块灌木番茄干，磨成末，或者少量熏红椒粉（备用）
3克藏红花丝
柠檬汁，提味

调制汤底：把鱼剁成块。锅中放入100毫升橄榄油加热，放入螃蟹、虾壳和虾头煎10—12分钟，煎到变色后放进碗里。

将火调到中温，继续加热刚才用过的油。把鱼块放进去。撒一大把盐煎10分钟，煎到全身变色。将煎好的鱼块和螃蟹、虾壳和虾头放在一起。

用宽铲刮去锅底的鱼锅巴，和鱼块放在一起。把余下的橄榄油倒进去，中温加热。文火煨洋葱10分钟，然后调到高温，放蒜末和茴香籽煨5分钟，再倒入番茄酱煎5分钟，直到飘出香气。把鱼块、螃蟹、虾壳和虾头，连带剩下的食材全都倒入，加水没过食材，盖上盖子煮沸。水一煮开就揭开盖子，再用大火煮20分钟。

过滤一下高汤，或者用食品加工机加工一下高汤，然后收汁，撒上盐和胡椒粒，挤些柠檬汁。

大蒜酱

1只红灯笼椒，烘烤后削皮
1根红色长辣椒，去籽
2个土豆，去皮、切成片
50克烤过的澳洲坚果
5瓣大蒜瓣
2块灌木番茄干，磨成末（备选）
¼茶匙烟熏辣椒粉
少量藏红花丝
210毫升初榨橄榄油

“点睛”配菜

500克高淀粉小土豆，如荷兰奶油土豆，或宾杰土豆，带皮
5块120克的红鲻鱼，去内脏，刮鳞
200克海鲂鱼子
400克墨鱼须或鱿鱼须
500克皮皮贝或蛤蜊，去泥沙
10只国王明虾，去壳和虾线
50克酥油
250克普通鱼肝（如海鲂鱼、石斑鱼或鳕鱼鱼肝）

搭配

1根新鲜黑麦面包
100克冷冻优质咸黄油
250克混合绿菜沙拉

调制大蒜酱：把所有食材（除了橄榄油）倒进锅里，放入鱼汤没过食材，土豆片熬到变软。沥干土豆片，把汤汁留下备用。将土豆片和备好的40毫升汤汁搅拌成土豆泥，放入橄榄油里慢慢搅动。当土豆酱变得又稠又滑时，撒上盐，挤些柠檬汁。

把剩下的汤底分别倒进大锅、中号锅里。往中号锅里放入土豆片炖15—20分钟，直到变软。放置一边。

将大锅里的汤底煮沸，然后从炉子上拿开，往里面放鲻鱼、海鲂鱼的鱼子和墨鱼须。盖上炖4—5分钟。然后将鱼肉盛入盘中。

再次将汤底煮沸，从炉子上拿开，将皮皮贝和明虾放入炖3分钟。当皮皮贝张口，将食材全部捞出，放入盛有鱼肉的盘子。

煎锅内放入酥油并用高温加热，放入鱼肝嫩煎到两面呈棕黄色，大约需要1分钟。注意别煎过火。

摆盘：将做熟的食材摆到大盘中。再把煮过海鲜的汤底煨一下，浇在鱼肉上。搭配面包、黄油、绿菜沙拉、大蒜酱，以及一瓶或几瓶冰镇霞多丽干白葡萄酒。

备选鱼：

红娘鱼
鲻鱼
鲷鱼

见第121页图

烟熏虹鳟鱼酱，搭配杏仁和小红萝卜

第一次做这道酱时，我还在悉尼的尼斯咖啡店（Cafe Nice）里当厨师。这道菜巧妙地利用了主菜“鳟鱼片”的边角料。我和学徒奥利（Ollie）共做了600份，作为上海的一次庆典的开胃菜，就在圣彼得海鲜餐厅开张的前一年。老实说，在那以后的很长时间里我俩对这道酱仍“记忆犹新”。

2人份

80克细盐
2根莳萝枝
1茶匙烤茴香籽
250克无皮、无骨虹鳟鱼，或者鱼腩、尾巴和边鳍
1块14克的熏苹果木片（用来冷熏）
500毫升葡萄籽油
3汤匙蒜蓉蛋黄酱（翻到110页）
1茶匙剁碎的龙蒿叶
1茶匙剁碎的意大利扁叶欧芹
1茶匙细洋葱末
2汤匙烤杏仁片
柠檬汁（半只柠檬）
海盐片和现磨黑胡椒粒
15根小红萝卜（早餐下饭菜）

把盐、莳萝和茴香籽研磨成粉，抹在鳟鱼肉上，至少腌4个小时，最好能腌一夜。

第二天，用冷水清洗鱼身，拿纸巾拍干水分。

把鳟鱼放进冷熏机里冷熏20—30分钟，还可以在锅的顶部盖一层箔，在锅底放上浸湿的熏木片进行冷熏。

将锅里的油加热到48摄氏度。把冷熏好的鳟鱼肉放进锅里，在温热的油里浸泡12—15分钟，等到浸透。等鱼肉熟后，用纸巾拍干油分，盛入盘中，盖上盖子，放进冰箱里冷藏。

用叉子把冷藏过的鱼肉划成不规则的肉丝，然后倒上蒜蓉蛋黄酱、绿菜和烤杏仁片，挤一点柠檬汁，撒上盐和胡椒粒。

用切片器将小红萝卜切成薄片，备用。

摆盘：用厨勺往盘子中央舀一勺鳟鱼酱，呈鸡蛋形状，一片片地将萝卜薄片贴在上面，像鱼鳞一样（如图所示）。品尝这道鱼酱时，我喜欢搭配生菊苣叶或烤面包。

备选鱼：

北极红点鲑
西班牙鲭鱼
鳟鱼

鱼头冻，搭配芥末和腌菜

我喜欢这种烹饪方式，它可以把新鲜、齐全的简单食材做成让人垂涎的鱼餐。只要克服“鱼头”导致的心理障碍，你就会一次又一次地想起这道菜。不过鱼头一定要经过精挑细选才能下锅。

12人份

5升褐色鱼杂汤（翻到67页），做鱼头冻时还要将500毫升的汤收汁到300毫升
6个石斑鱼头或其他鱼头（如野生王鱼、红鲷鱼、海鲈鱼、石鲈鱼或黄足笛鲷的鱼头），每只重量相当，大概500克
1把细香葱，切成葱花
1把山萝卜叶，切成段
半把意大利扁叶芹，切成段
4个红葱头，切成片
60克刺山柑
60克醋（酸）黄瓜，切成段
2茶匙法式芥末酱
海盐片和现磨黑胡椒粒

把5升鱼汤煮沸，然后从炉子上拿开，将两块鱼头泡在热汤里，盖上盖子焖12—15分钟，直到鱼头上的肉可以轻松脱落。重复3遍，直到六个鱼头都炖熟。

趁鱼头还热着，戴一次性手套将鱼头挑拣干净，确保不留任何鱼鳞、骨刺或软骨。挑完后再检查一遍。

当鱼变凉但没冷透时，把绿叶菜、红葱头、刺山柑、醋（酸）黄瓜、芥末酱和收汁后的300毫升的汤全倒进去。放作料提味，待完全凉下来后，将鱼头糊卷起来，或者放进1千克的肉糊模具（有塑料内衬）中。如果选择后一种方法，就要把食材压实，不要留有缝隙或气孔（还可以放不同的配菜，如溏心蛋或蔬菜）。在冰箱里放一夜让食材凝固。

备选鱼：

石斑鱼
无须鳕鱼
石鲈鱼

Cutipol

法式焖鱼肉

既然我们介绍过鱼肉肠和腌鱼肉的食谱，理应再写一份有关法式焖鱼肉的。而这个想法一直到鱼店开张时才得以实现。介绍这份食谱的原因是，当我第一次想用烹饪肉食的方法来烹鱼时，我试着做了几道鱼餐，其中就包含这一道。我建议把煮鱼的任务分解，提前准备食材，否则你会崩溃的。

4人份

100克干白腰豆
1条烟熏鳗鱼片，切成4厘米的鱼段
120克酥油
1根胡萝卜，切成块
1头洋葱，切成片
12根百里香枝
1个蒜头
1个番茄，切成块
1.5升褐色鱼杂汤（翻到67页）
1块200克的烟熏剑鱼片（翻到60页），切成厚块
4根鱼肠（翻到206页）
600克西班牙鲭鱼块（见提示，第115页），钳掉鱼刺，切成4块鱼排
1块400克的酥油面包卷
1块烟熏西班牙鲭鱼心
1汤匙切成段的龙蒿叶
半茶匙 海盐

将白腰豆放在冷水里泡一夜。

烟熏鳗鱼片：把黑色的鱼皮剥去，放在一边。

用小刀将鱼片从鱼骨上剔下来。把鱼骨、鱼片放在一边。

厚底大锅里放60克酥油用高温加热，放胡萝卜和洋葱煎5分钟，或煎至稍微变色、变软。将熏鳗鱼皮和鱼骨倒入锅内煎5分钟。加百里香、蒜和番茄，倒上鱼汤煮沸，调低火温焖15—20分钟，直到稍微变稠。将锅从炉子上拿开，等汤凉下来。

等汤晾凉后过滤到干净的锅里，把泡好的豆子倒进去，煮沸后调低火温焖45分钟到1个小时，或者焖到豆子变软。

把烟熏剑鱼片放在剩下的酥油里煎6—7分钟，煎到发暗、发焦。放到一边。

鱼肠放锅里煎4分钟，或煎至金黄。把鱼肠和熏鱼肉放到一起。

往锅里再舀两勺热汤，稀释并刮掉锅巴，让它溶化在汤里。用中温把汤煮沸，然后从炉子上拿开，把鲭鱼排放进去。盖上盖子，关火焖5分钟。用漏勺将鱼捞出来，盛进盘子里。这时的鱼肉应该只有六分熟。

切掉面包卷上的硬皮，用食品加工机搅成不规则的面包屑。将鲭鱼心刨成碎屑混到面包屑里，加上龙蒿叶。撒上盐，放到一边。

预热烤箱里的烤架，在烤盘里把鲭鱼排和熏鱼肉、鱼肠、熏鳗鱼段、煮熟的白腰豆一起摆好，倒入高汤，往上撒满面包屑，烤8—10分钟，烤到金黄色且边缘开始起皱。上餐前静置2—3分钟。盐焗卷心菜（翻到152页）或块根芹是这道健康餐的冬季理想伴侣。

备选鱼：

蓝眼鲹鱼
马面鱼
黑线鳕鱼

见左页图

煎鱼——油炸、嫩煎和煎炒

适合煎的鱼包括：

海鲷鱼

红娘鱼

太平洋大比目鱼

鲱鱼

海鲂鱼

王鱼

马鲛鱼

鲯鳅鱼

大海鲈

鲻鱼

墨累河鳕鱼

欧洲沙丁鱼

鲽鱼

海鲈鱼

西鲱鱼

婢鰯

澳洲鳕鱼

提到煎鱼还用多说吗？人人熟悉，人人爱吃。不论是康沃尔码头的煎黑线鳕鱼搭配醋腌薯条，还是纳什维尔的南方风味煎鲶鱼，都很让人怀旧、心暖。这也许就是煎鱼备受喜爱的原因吧。我更喜欢用酥油或融化的黄油代替橄榄油，因为酥油的起烟点高达250摄氏度，比其他类型的油更香一些，能够让鱼皮产生黄油食品的甜味。

在嫩煎、煎炒时，如果肉的这面煎的时间较长，就会又干又硬。如果鱼皮可以食用，最好不要剥掉。

选择哪种煎锅取决于你个人的喜好。我习惯用长柄铁锅，这种锅起热较快。下面的食谱会让你更自信地烹饪各类鱼肉。

左页图：石斑鱼（熟成3天）。

脆皮鱼的基本知识

煎炒带皮的鱼时要牢记:

1.

有关鱼。鱼放进热锅之前，确保它们已经解冻。如果刚从冰箱拿出来就煎，蛋白会凝固不均，难以判断是否煎熟，尤其煎鱼时长较短的鱼。

2.

有关黄油。煎鱼时我会先放少许黄油，2分钟后把它丢掉，再舀一小勺黄油煎到鱼熟为止。

3.

有关鱼秤。如果没有这个厨具，鱼不容易煎好。在网上购买很方便。这种秤不便于加热。煎带皮的鱼时，锅内的热气会让鱼皮变得焦脆，穿透鱼肌，从而增加鱼秤的读数。鱼秤轻轻地压着鱼肉，可以让鱼皮贴在锅底。鱼秤能“称”出鱼片是否变厚，有了它你就能放心地煎鱼，不用再依赖烤箱了。要是煎的鱼片很厚，待鱼皮煎至变色，就立刻将它拿进烤箱。没有鱼秤的话就用装有清水的厚底小锅代替，这对厨艺有更高的要求。

4.

有关加热。煎鱼所需的热源来自高级燃气炉，那是厨房的“炎热地带”。我不喜欢用燃气炉，因为炸鱼皮需要很高的火温，当汁液从锅里迸出来时，燃气炉上经常会燃起火焰。如果只有燃气炉，煎鱼时就不要让锅太倾斜，否则锅中的汁液浅到黄油后会让鱼着火。持续、稳定的火温是煎出酥脆亮皮和珍珠般肉瓣的关键。控制火温是重点!

煎小鲱鱼

这是我们为鱼店菜单新研制的一道小食。做起来不费劲，小鲱鱼煎好后可以拿到炭烤架上烤，鱼肉会散发出咸香味，焦脆的口感也会持久一些。邀请朋友品尝之前要检查一下鱼鳃和鳞片里是否有沙子，这里不容易被发现。

4人份

2升油菜籽油或葡萄籽油，用于油炸
480克小鲱鱼（西鲱鱼），去掉沙子
200克精米粉
海盐片
1.5茶匙 黑胡椒粒
半茶匙 川椒粉
⅛茶匙 杜松果粒

用中到大火把大锅里的菜籽油加热到180摄氏度。

如果炭烤架或小燃气炉对你来说更方便，就用它们完成接下来的步骤。这是备选做法，也能把鲱鱼煎得香脆。煎炸时要让小鲱鱼身上冒出火焰。

将半份小鲱鱼放在粗孔滤网上，撒上足量的精米粉，薄薄地裹在鱼身上。晃一晃滤网，滤掉多余的米粉。此步骤同样用于另外半份小鲱鱼。每份裹好米粉的小鲱鱼小心地倒入油里炸45秒。拿出来用纸巾拍干油分，撒上盐。小鲱鱼全都煎好后摆在金属架上。把架放在烤架最烫的位置，拿勺子给鱼翻面，让鱼的两面烤色均匀。

将鱼盛入碗中，撒上黑胡椒粒、川椒粉、杜松果粒和多一点的盐。这道菜既可以当正餐前的小食，或搭配蛋黄酱和饮料，还可以与火腿蛋三明治、柠檬角一起组成套餐。

备选鱼：

凤尾鱼
欧洲沙丁鱼
西鲱鱼

炸鱼薯条

我想这道看似简单，实则很难做好的家常餐大概无人不知，无人不晓。在英国布雷(Bray) 小镇赫斯顿·布卢门撒尔开的肥鸭餐厅学厨时，这道菜是餐厅的主打菜。这份食谱没有采用传统的鱼片，而是选用了黄眼鲻鱼片（把鱼切开、摊平），鱼片摆盘更美观，而且鲻鱼脂也能让鱼肉保湿、鲜美。

提示：想用这种做法炸薯条需要提前4天按照食谱准备食材。

4人份

3千克土豆，可以用澳洲西北果土豆、英国爱德华国王土豆或美国布尔班克土豆，带皮
盐
5升棉籽或葵花籽油，用于油炸
4块无皮、无骨、切开摊平的黄眼鲻鱼片，鲮鱼片、黑线鳕鱼片或鳕鱼片，带鱼头和鱼尾
215克自发粉
400克米粉，足够撒遍鱼身
2茶匙烘焙粉
2汤匙蜂蜜
345毫升伏特加（酒精纯度为37%）
550毫升啤酒

炸薯条：把土豆切成食指长、食指宽的薯条，在冷水里泡一夜。

第二天，薯条沥干水份，放入冷水锅中撒上盐，水开后再煮10分钟，或煮到薯条将断未断的程度，捞出摆在金属架上。放进冰箱里冷藏一夜，不用盖。

第三天，锅里倒油加热到140摄氏度，油炸薯条5分钟，或炸至薯条起泡。捞出薯条，吸干油分，等变凉后放进冰箱里的金属架上干燥一夜。

第四天，把鱼片切成厚度均等的圆片，放在纸巾上备用。

制作米糊：在碗里搅拌白发粉、米粉和烘焙粉。将蜂蜜和伏特加混合后倒进米粉糊中。倒入啤酒进行搅拌。然后冷藏备用。

把菜籽油加热到180摄氏度，炸好的薯条再炸一遍，大约需要5—6分钟，薯条更焦脆，呈金黄色。油沥干后撒盐。

先在鱼片上撒少许米粉，再抹米糊，小心地把鱼片放进热油里油炸2分钟，或炸至鱼皮酥脆。中途最好翻一次面，方便上色均匀。将鱼从锅里捞出，放在托盘里的金属架上，沥干油分。

配上最爱的调味品、绿叶沙拉和冰啤酒赶紧享用吧。

备选鱼：
红娘鱼
黑线鳕
新西兰鳕鱼

见第140—141页图

酪乳煎蓝眼鲹鱼

既然酪乳煎鸡肉很受欢迎，我想用鱼肉做应该也可以。经过反复尝试，我们研制出了这份食谱，鱼皮焦香酥脆，鱼肉滑嫩多汁。蓝眼鲹鱼很适合做这道菜的食材，因为它肉汁饱满(还可以用大个的海鲂鱼、鳕鱼或石斑鱼)，最好再配一杯冰啤酒，或卷心菜三明治。

6人份

1千克蓝眼鲹鱼排，带皮
（还可以用海鲂鱼、鳕鱼、石斑鱼、红娘鱼、多宝鱼或比目鱼）
500克木薯淀粉
油菜籽或棉籽油，用于油炸

调味料

50克现磨漆木粉
50克烟熏辣椒粉
50克现磨黑胡椒粒
50克现磨芫荽籽
200克细海盐

腌汁

300毫升酪乳
500毫升蛋黄酱
1汤匙法式芥末酱
80毫升白葡萄酒醋

调制调味料：将所有食材倒入碗中，存放在密闭容器中备用。

把所有腌汁用料放入碗中。鱼排摆入烤盘中，洒上腌汁，用手搓匀，直接放进冰箱里冷藏4—6小时。

将冷藏后的鱼排放在木薯淀粉里滚一滚，像是裹了一层粗面糊，再次放进冰箱里冷藏一夜。

第二天，在煎鱼前至少一小时把鱼排从冰箱里拿出来。锅中放油加热到190摄氏度，煎4—5分钟，直到鱼的内温达到58摄氏度。然后将鱼捞出来，放到烤盘里的金属架上，等4分钟让油沥干。

给鱼排抹满调味料，搭配柠檬或者其他喜欢的调味品。

备选鱼：

无须鳕鱼
鲯鳅鱼
海鲈鱼

香煎面包糠针嘴鱼，搭配乳酪塔塔酱和绿叶菜沙拉

裹面包糠炸的鱼肉是我的真爱（可能是因为我是吃着炸鱼柳土豆泥长大的）。我希望不仅能用白色的鱼片来做这道餐，还能用这种去骨、切开摊平的针嘴鱼片来完成。做这道菜时切忌偷工减料，一定要把鱼片放进盛有酥油的煎锅里嫩煎。不要油炸！

4人份

4块200克的针嘴鱼，刮鳞、去内脏和肋骨，切开摊平，鱼背朝上（翻到55页）
150克普通面粉
4个鸡蛋，稍微搅拌一下
120克白面包糠
400克酥油
海盐片和现磨黑（白）胡椒粒
柠檬角

乳酪塔塔酱

375克天然乳酪
3个大红葱头，切成片
1汤匙 盐渍小刺山柑，洗净、干燥并剁碎
60克剁碎的酸黄瓜
2汤匙 切碎的意大利扁叶芹的叶子

绿叶菜沙拉

少量盐
1茶匙细砂糖
6个红葱头，切成小圈
140毫升初榨橄榄油
50毫升霞多丽干白葡萄酒醋，或者往白葡萄酒醋里加少量糖
扁叶芹、莳萝、山萝卜和法国龙蒿叶，各1把，去掉叶子
30克水芹叶
35克芝麻菜叶
2大棵酥油生菜，切成小片

备选鱼：

鲱鱼
鲻鱼
澳洲鳕鱼

准备乳酪塔塔酱：把所有食材放进碗里搅拌。放到一边。

将烤箱预热到100摄氏度。

拎起鱼尾，先后放进面粉、蛋液和白面包糠里蘸一蘸，蘸的时候轻轻往下压，让食材裹满鱼身。然后把鱼放进烤盘里。用同样的方法处理剩下的鱼肉。

锅内放入三分之一的酥油用高温加热，放入两条鱼煎2分钟，或煎到鱼皮发脆，变成金黄色，然后把鱼翻面再煎1分钟。把鱼盛进烤盘里，放进烤箱里保持温热。锅洗干净，继续用剩下的酥油煎鱼肉。

绿叶菜沙拉：把盐、糖和红葱头放进碗里，10分钟后倒橄榄油和醋，搅拌一会儿。再拿一个碗盛放绿叶菜、水芹、芝麻菜和生菜，倒足量的调料，将沙拉拌匀（剩下的调料放进密封容器里冷藏一周）。

给鱼肉撒上调料，把柠檬角、一大勺乳酪塔塔酱和绿叶菜沙拉摆在盘边当配菜。

嫩煎面包糠沙丁鱼三明治

谁不喜欢吃裹面包糠炸的鱼肉三明治？用酥油嫩煎沙丁鱼会更香，火候也容易掌握。可以根据个人喜好将乳酪塔塔酱（翻到144页）换成辣酱或蛋黄酱。三文鱼可以用其他鱼替代，如鲱鱼、澳洲鳕鱼、海鲷鱼或牛鳅。

2人份

150克普通面粉
4个鸡蛋，稍微搅拌一下
120克白面包糠
8条60克的沙丁鱼，刮鳞、去内脏，切开摊平
70克酥油
海盐片和现磨黑胡椒粒
4片松软的白面包
100克乳酪塔塔酱

首先，将蝴蝶形状的沙丁鱼片先后放进面粉、蛋液和白面包糠里蘸一蘸，鱼尾不用蘸面包糠。

锅内放酥油用高温加热，分几次煎沙丁鱼。先煎1分钟，或煎到金黄、焦脆，然后翻面再煎10—20秒，出锅后撒上作料。

切去面包上的硬边。面包片上涂满乳酪塔塔酱，每两片面包夹4条沙丁鱼。将剩下的酱倒在鱼身上。

上餐前把金黄的沙丁鱼尾从面包片的一边露出来。

备选鱼：
凤尾鱼
鲱鱼
澳洲鳕鱼

嫩煎鱼下巴

我惊讶地发现鱼的下巴竟然有这么多肉！做这道菜时，建议使用茴香蛋黄酱，搭配绿叶菜、沙拉或腌菜，炸猪排或鸡排时用到的传统配菜也能配这道菜。

4人份

4块赤帝鱼下巴
2汤匙茴香籽
120克白面包糠
150克普通面粉
4个鸡蛋，打成蛋液
80克酥油
海盐片和现磨黑胡椒粒

野生茴香蛋黄酱（备用）

2个蛋黄
半汤匙法式芥末酱
2茶匙白葡萄酒醋
细盐，用来提味
250毫升葡萄籽油
柠檬汁（半只柠檬），用来提味
1汤匙茴香花粉、芹菜籽或茴香粒，用来提味

调制蛋黄酱：把碗放稳，放入蛋黄、芥末酱、醋和盐，搅拌均匀，搅拌时慢慢地倒入葡萄籽油，形成稠乳液。尝一口，然后放盐、柠檬汁和茴香花粉。乳液会像软打发后的奶油那样，需要的话可以倒一点温水稀释。

把鱼下巴放在砧板上，皮朝下。用锋利的短刀把里面的鱼骨剔出来。剔之前用手指摸一摸鱼骨的形状，下刀时让刀刃尽量靠近鱼骨。用槌肉棒轻轻地将鱼下巴槌成厚片或去骨猪排的样子。

往面包糠里加茴香籽。将鱼下巴先后放进面粉、蛋液和面包糠里蘸一蘸。要注意，鱼下巴的两侧不用蘸面包糠。

煎锅用高温加热，接着放酥油，等锅里冒出薄烟后放入鱼下巴，一次嫩煎两块，每面煎一分半钟，煎至金黄色。用纸巾拍干油分，撒上作料。

保留整块鱼下巴，或者将它们切成片，上餐前配好野生茴香蛋黄酱或柠檬（对半切开，用来挤汁）。

备选鱼：

海鲷鱼
红鲷鱼

香煎银色唇指鲈，搭配盐焗澳洲卷心菜和荨麻酱

第一次吃这种鲷鱼时，我简直不敢相信它竟会如此美味，可以媲美澳洲最美味的条纹婢鳑。钓上来的好鱼会有一层厚厚的皮下鱼脂，适合放在煎锅或烤架上煎。天冷时的荨麻和卷心菜多汁，鱼肉更肥美，适合用来做这道鱼餐。

4人份

4块175克无骨银色唇指鲈鱼，带皮
200克酥油
海盐片

盐焗卷心菜

300克纯普通粉，用来制作面糊
210克细盐
75克蛋清
150毫升水
1棵大卷心菜（茎硬、叶皱）
柠檬汁，用来提味

荨麻酱

1升水
100克细盐
400克带刺荨麻叶
1汤匙 现成的酸黄瓜或刺山柑的腌汁
3片凤尾鱼片
100克冷黄油，切成丁
海盐片和现磨黑胡椒粒
2汤匙 天然乳酪

如果鱼身上有汁液，就把它放在金属架上，皮朝上冷藏两小时后再煎。

如果方便用炭烤架或小燃气炉，就用它们完成接下来的步骤。煎的时候要让鱼肉冒出火苗。

制作盐焗卷心菜：将烤箱预热到180摄氏度。

用立式搅拌机把面粉、盐、蛋清和水慢速搅拌5分钟，或搅成结实的面团。把面团放到抹了少许面粉的案板上，揉成圆形。盖上保鲜膜静置1小时。

将卷心菜洗干净，揭开咸面团上的保鲜膜并擀成3毫米厚的面皮。用面皮包住卷心菜，烤盘内铺上烘焙纸，放入卷心菜烤6个小时，或烤到卷心菜变软，面皮变成焦糖色。20分钟后将菜切开。

调制荨麻酱：将锅中的水盖上煮沸，放荨麻叶搅拌，叶子全都沉下去后，再盖上盖子焖30秒，然后捞出挤干水份。

准备一个盛满冰水的碗。把刺山柑腌汁、凤尾鱼和荨麻叶放进搅拌机里搅拌1分钟，或搅成菜泥。把黄油块放到菜泥里，等它们乳化，酱料发黏且有光泽。把荨麻酱倒进一个小碗里，放在有冰水的碗的中央。搅拌酱料至凉透，然后把酱料放进冰箱里备用。刺山柑里含有腌汁，几小时后荨麻酱会在酸性液体的作用下褪色。刺山柑腌汁也可以用作调料，可以最后再放。

煎鱼：高温加热长柄铁锅或煎锅，放入60克酥油，煎至锅里升起薄烟。放入两块鱼，不要离太近，把鱼秤放在鱼片最厚的部位。一旦发现鱼片边缘开始变色（煎1分钟左右）就挪动一下。把鱼秤放在锅的中央，盖住大部分鱼片。一分钟后把秤拿走，倒掉锅里的酥油，再放40克新鲜酥油。如果鱼片摸上去还是凉的，就用秤再压1—2分钟。煎至四分之三时上面的鱼肉是热的，鱼皮变脆，这时可以把鱼肉移到金属架上，皮朝下。

这一步虽非必要但可以让鱼皮更焦脆。将鱼肉放在烤架的温热处，用小钳子反复检查鱼皮变色的程度。

稍微加热一下荨麻酱，撒上作料，舀到温热的餐碟中央。往酱里舀一些乳酪。用勺背敲裂卷心菜，挖出“菜球”放进盘子里，然后将鱼盛入。撒上盐后立刻上餐。

备选鱼：

海鲷鱼
红鲷鱼

见第150页图

煎石斑鱼片（带鱼头），搭配牛皮菜卷和绿色女神酱

石斑鱼是澳洲较有营养的食用鱼，这里我会介绍不同的切法和煎炸火候。琥珀鱼、鲕鱼和鲯鳅鱼可以做备选鱼。

2人份

2块150克的去骨石斑鱼鱼肉，带皮
100克酥油
2块石斑鱼颚
海盐片
柠檬汁（¼只柠檬）

绿色女神酱

1升水
100克细盐
100克意大利扁叶芹的叶子
50克龙蒿叶
50克莳萝叶
1把细香葱
50毫升刺山柑腌汁
3片凤尾鱼片
100克酸奶油
海盐片
少量细砂糖

牛皮菜卷

2块石斑鱼下巴
40克酥油
1块石斑鱼喉，淋上酸果汁（翻到90页）
海盐片和现磨黑胡椒粒
1把牛皮菜叶（瑞士甜菜叶），把茎去掉
柠檬汁（¼只柠檬）
1汤匙细香葱花

调制绿色女神酱：快速将锅中的盐水煮开，放入绿叶菜搅拌，让盐水没过菜叶，盖上盖子炖30分钟。将菜捞出来，将水份挤出。

准备一个盛满冰水的大碗，用搅拌机把刺山柑腌汁、凤尾鱼和绿叶菜搅拌2分钟，成菜泥状，然后盛到小碗里，放进有冰水的大碗中，搅拌小碗里的食材让其降温。然后把菜泥倒进搅拌机里，与酸奶油混合。撒上盐和糖冷藏。刺山柑里有腌汁，酱料在几小时后会在酸性物质的作用下褪色，因此可以用作调料最后再放。

如果方便用炭烤架或小燃气炉，就用它们完成接下来的步骤。煎的时候要让鱼肉冒出火苗。

往鱼下巴上刷少量酥油，撒上盐。煎5分钟，或煎到鱼肉变得半透明，鱼皮起泡。放凉后把软骨和鱼骨上的肉剥下来，塞进鱼喉里。放到一边。

煎鱼片：长柄铁锅或煎锅用高温加热，放入60克酥油，待锅里升起薄烟；把鱼肉放进去，不要离得太近，把鱼秤放在鱼片最厚的部位。大概2分钟后，你会发现鱼片的边缘开始变色，这时挪一下鱼片。把鱼秤放在锅的中央，盖住大部分鱼片。1分钟后把秤拿走，倒掉酥油，换成40克的新酥油。如果鱼片摸上去还是凉的，就用秤再压3—4分钟，具体时长要看鱼肉的厚度。煎至四分之三时，鱼片是热的，鱼皮焦脆，这时把鱼片移到金属架上，皮朝下。

这一步虽非必要但可以让鱼皮更焦脆。将鱼片放在烤架的温热处，用小钳子反复检查鱼皮变色的程度。

将石斑鱼颚刷些酥油，撒上盐，用中温把鱼颚煎透。这时的鱼肉应该是半透明的。撒上盐，挤一些柠檬汁。

牛皮菜卷：用煎鱼的锅融化酥油，在锅底整齐地铺一层菜叶。将鱼秤放上去煎2分钟。然后把秤拿走，放鱼喉和鱼下巴，用菜叶把它们卷起来。撒上盐、胡椒粒，再挤一点柠檬汁。

上餐前往盘子中央舀两汤匙绿色女神酱，鱼片码放在最上面。把包着烤鱼颚的牛皮菜卷放进去，撒一勺葱花与作料。

备选鱼：

琥珀鱼
鲯鳅鱼
鲕鱼

见第155页图

西班牙鲭鱼，搭配茄丁、鱼杂XO酱

在这道菜谱中，茄子能单独做成一道菜，鱼杂XO酱增加了鲜味，与茄子的丝滑相呼应。时令西班牙鲭鱼耐得住茄子的油腻，它含有柑橘所拥有的天然酸性物质。要想充分享受这道鱼餐，建议将鲭鱼煎到五分熟就好。

4人份

2根中等大小的茄子
100毫升初榨橄榄油
海盐片和现磨黑胡椒粒
200克鱼杂XO酱（翻到66页）
100克酥油
2块300克西班牙鲭鱼片
200克英国嫩菠菜
绿柠汁（1个绿柠）

煎茄子：先将烤箱预热到200摄氏度，在托盘里垫一张烘焙纸。

茄子去皮，切成两块，约2.5—3厘米厚，涂一层橄榄油，撒少许盐，在烤盘里摆好。在茄子上面盖一张烘焙纸，烤12—15分钟，烤到茄子变软。放凉。

将50克XO酱舀到茄块上，放到烤架上面烤，把皮烤硬。放至温热。

煎鲭鱼：煎锅用高温加热。放入60克酥油，热到锅里升起薄烟。放入鱼片，不要放太近，把鱼秤放在鱼肉最厚的部位。大概1分钟后你会发现鱼片的边缘开始变色，挪一下鱼片。把鱼秤放在锅的中央，盖住大部分鱼片。3分钟后拿走鱼秤，倒掉酥油，换上40克新酥油。如果鱼片还是凉的，就用鱼秤再压2分钟，具体时长要看肉的厚度。煎到四分之三的位置时上面的鱼肉是热的，鱼皮焦脆，这时把锅从炉子上拿开，将鱼翻面，然后盛入盘子里放着。

将菠菜倒入煎锅加热至塌软，然后拿勺子翻搅，好让酥油把菠菜裹住。撒点盐和黑胡椒粒，挤点绿柠汁。

将鱼片放在砧板上，鱼皮朝下对半切开。在每只盘子的中央放半块鱼片，将茄子对折一下然后打开，摆在鲭鱼的旁边。把菠菜埋在茄子和鱼片中间。在烘焙纸上的XO酱里滴几滴绿柠汁，一起浇到茄子上。上餐前在鱼片上撒点海盐。

备选鱼：

甲虫鱼
马鲛鱼
鲯鳅鱼

条纹婢鰯，搭配松茸、欧芹和大蒜

我认为条纹婢鰯是世界上最好吃的三种鱼之一，它中和了甜咸二味。正因如此，你可以放些配菜让它变得更甜，如豌豆、茴香或香叶和绿叶菜；也可以换一种搭配，使用咸香口味的食材，如婆罗门参、洋蓟、咸的甜菜根或菌菇（就像这道食谱里用的那种）。

4人份

200克大蒜瓣
50克细砂糖
150克咸黄油
半茶匙澳洲百里香或柠檬百里香叶
150毫升水
220克酥油
300克松茸、鸡油菌或野蘑菇，刮去菌褶，把菇切成厚块
100毫升褐色鱼汤（翻到67页）
海盐片和现磨黑胡椒粒
柠檬汁（半只柠檬）
1把意大利扁叶欧芹，摘去叶子
4块180克无骨条纹婢鰯片（或鳕鱼片、海鲷鱼片、红鲷鱼片或红娘鱼片），带皮

先将烤箱预热到200摄氏度。煎锅里放入蒜瓣、糖、50克黄油、百里香和水烧开，煎4分钟。然后放到烤箱里烤10分钟，等到汁液挥发，蒜瓣发软且开始变色后再放入煎锅用中火煎5分钟。蒜瓣会变得更软、发黏且有甜味。放到一边。

高温加热大锅里的120克酥油。放松茸，撒点盐，嫩煎2分钟，直到变色、变软。倒入煎好的蒜瓣、鱼汤和剩下的黄油，煮开后再焖3—4分钟，或焖至收汁成厚油脂。撒点盐、欧芹和胡椒粒，挤点柠檬汁调味，再焖30秒。把松茸和酱舀到四个温热的餐盘里保持温热。

煎鱼：高温加热煎锅，放入60克酥油，热到锅里升起薄烟。放两片鱼，不要放太近，把鱼秤放在鱼肉最厚的部位。大概1分钟后你会发现鱼片边缘开始变色，挪动一下鱼片。把鱼秤放在锅的中央，盖住大部分鱼片。3分钟之后再拿走鱼秤，扔掉酥油，换上40克的新酥油。如果鱼片摸上去还是凉的，就用秤再压1—2分钟，具体时长要看鱼肉的厚度。煎到四分之三的位置时上面的鱼肉会是热的，鱼皮焦脆，这时把热松茸摆在上面。继续煎剩下的鱼片。上餐前往鱼皮上撒点海盐。

备选鱼：

无须鳕鱼
海鲂鱼
多宝鱼

海鲂鱼肝酱

我一直想做鱼肝酱。在严冬，从肥鱼体内取出的鱼肝供应量极大。处理和烹饪鱼肝时一定要注意卫生。不是所有鱼肝都适合做肝酱的，我们用到的鱼主要是当季的条纹鳕鱼、海鲂鱼和雨印鲷，以及野生王鱼的肥肝。就着吐司卷和鲜果酱吃会非常美味。

4人份

2.5汤匙白葡萄酒醋
2.5汤匙白葡萄酒
6个红葱头，切成片
半茶匙百里香叶
2.5汤匙酥油
300克收拾好的海鲂鱼鱼肝
120克软黄油
海盐片和现磨黑胡椒粒

在小锅里放入醋、葡萄酒、红葱头和百里香用中火加热5分钟，直至收汁成浆。

高温加热煎锅里的酥油，热到锅里升起薄烟。嫩煎鱼肝，煎至每面微焦，共需要1分钟左右。把鱼肝和百里香浓汤一起倒进搅拌机里搅拌2分钟，或搅到汁液丝滑。

准备一个盛有冰水的大碗。将搅拌机里的汁料倒出，并过滤到另一个碗里。然后把这只碗放进有冰水的大碗中，冷却。

将黄油放进搅拌机里搅打至乳白色，体量增大两倍，也可以使用电子搅拌器。将变凉的鱼肝酱倒进黄油里搅打2分钟至丝滑状。撒上作料，上餐前冷藏1小时。

备选鱼：

蓝眼鲹鱼
无须鳕鱼
安康鱼

香煎条纹鳕鱼肝，搭配慢烤欧芹叶

这是我最爱做、最爱吃的一道餐，极力推荐！带有鲜香味与矿物质感的微熟的欧芹叶，包裹着微焦的鳕鱼肝——这真的是一道味道绝妙的、价值被低估的鱼餐。

1人份

90克酥油
200克条纹鳕鱼肝
1汤匙米粉
30克意大利欧芹的叶子
海盐片和现磨黑胡椒粒
柠檬汁（¼只柠檬）
2片白面包，厚约1厘米

高温加热煎锅里的30克酥油。

将鱼肝裹上面粉（把多余的面粉拍掉），放入锅中煎2.5—3分钟，具体时长要看肉的厚度。鱼肝煎得外金内粉后从锅中盛出，往剩下的酥油里放欧芹叶，在15秒内快速颠锅翻炒，撒盐，挤些柠檬汁，然后浇在鱼肝上。

接着加热60克酥油，把面包片放进去。把鱼秤放在上面，再煎1分钟，或煎至金黄。拿走鱼秤，给面包片翻个面，再煎30秒，然后摆在鱼肝和欧芹叶的旁边。

摆盘：将鱼肝切成4大块。下面垫上烤欧芹叶，撒点作料。

备选鱼：

无须鳕鱼
海鲂鱼
安康鱼

香煎熏剑鱼，搭配英式蛋麦芬

这道鱼麦芬是圣彼得海鲜餐厅周末午餐单上的“常客”。如果你们尝不出熏剑鱼的味道，这道菜基本上就和“熏猪柳蛋麦芬”没什么两样了。这道鱼麦芬和鱼肠搭配也是相得益彰，与烟熏鳗鱼薯饼搭配（第167页）也是早午餐系列的杀手锏。

4人份

60克酥油
200克切成片的熏剑鱼（翻到60页）
4个鸡蛋
番茄酱
现磨黑胡椒粒

麦芬

500克面包粉或高筋粉
8克盐
300毫升牛奶
1个整鸡蛋
30克软黄油
6克（2茶匙左右）快速发酵的干酵母
普通面粉，用来抹案板
小麦粉，用来抹案板
120克酥油

制作麦芬：把食材（不含普通面粉、小麦粉和酥油）放进立式搅拌机里用低-中速搅拌10分钟左右。把搅好的面放在抹了少许面粉的案板上，揉成面团。再把面团放进抹了油的碗里，盖上保鲜膜，放到冰箱里冷藏一夜，等面团发酵至两倍大。

第二天，在撒了小麦粉的案板上把面团压成1.5厘米厚的面饼。用煎蛋圈压面饼，把挤到圈外边的边角切掉。然后把面饼盖上，二次发酵10—15分钟。

先将烤箱预热到150摄氏度。加热煎锅，倒一些酥油煎面饼。分几次煎，可以一边煎一边慢慢往锅里倒酥油。煎2分钟或煎至两面色泽适中。将煎好的面饼放到烤箱里烤10分钟，或烤熟为止。

将烤箱加热到180摄氏度。把半份酥油倒进煎锅里，用高温加热放入熏剑鱼煎上4分钟，或煎到焦脆、呈金黄色。从烤箱里拿出来晾至温热。

往煎锅里倒入另外半份酥油，在1分钟内煎4片荷包蛋，或煎至蛋皮金黄、微焦，然后放进烤箱里烤1分钟。

取一片烤麦芬做底，抹上番茄酱，再盖一片焦脆的熏肉，放上一片荷包蛋，撒少许黑胡椒粒。再取另一片麦芬，抹少许番茄酱后盖在荷包蛋上面。

澳式早餐套餐

让我们用无比健康的方式开启新的一天吧！

4人份

120克酥油
200克棕灰口菇，或者普通菌菇
海盐片和现磨黑胡椒粒
50克黄油
160克熏剑鱼片（翻到60页）
4根鱼肠（翻到206页）
4个鸡蛋
4片1厘米厚的黑麦法棍片
100毫升初榨橄榄油
4根卷叶的欧芹枝

烟熏鳗鱼薯饼

6个高淀粉土豆，削皮
半条烟熏鳗鱼，保留鱼皮和鱼骨，用叉子把鱼肉撕下来
50克普通面粉
1.5茶匙盐
1.5茶匙细砂糖
1汤匙脱脂奶粉
2个鸡蛋
1升油菜籽油，油炸时用

烟熏鱼心焗豆

100毫升初榨橄榄油
1头红洋葱，切成片
1瓣蒜，最好捣成蒜末
半根红色长辣椒，去籽
半茶匙熏辣椒粉
350毫升鲜榨番茄汁（泥）
400克烘干白豆
海盐片和现磨黑胡椒粒
1颗烟熏西班牙鲭鱼心，最好切成片

备选鱼：

烟熏凤尾鱼
烟熏沙丁鱼
烟熏黍鲱

煎烟熏鳗鱼薯饼：将土豆、烟熏鳗鱼皮和鱼骨放进大锅里煮沸，盖上盖煮5分钟。将土豆捞出、沥干、冷却后用磨碎器磨碎倒入碗中，把剩下的食材倒进去，用模具压制成110克重的薯饼。

用中到大火把煎锅里的油加热到180摄氏度。放入薯饼炸2—3分钟至金黄，再用纸巾拍干油。撒上海盐。

处理焗豆：将烤箱预热到180摄氏度。

锅中放入橄榄油加热，放入洋葱、蒜末、辣椒和熏辣椒粉煎5分钟、然后搅拌，至洋葱变软。番茄汁加一勺水后和干豆倒入锅中，撒少许盐，放入鲭鱼心片和胡椒粒，搅拌均匀。煎到沸腾时将食料倒进烤盘里，放进烤箱烤1小时，直至收汁、变浓稠。等它降到室温。

高温加热煎锅里的少量酥油，热到锅里升起薄烟。口菇放入煎锅嫩煎1分钟。再加一小块黄油和少许黑胡椒粒，然后倒进碗里，静置降到室温。

中温加热另一只煎锅里的少量酥油，放入烟熏鱼肉煎3分钟，要煎得焦脆。放到一边等它们降到室温。用同样的方法煎鱼肠3—4分钟，煎至焦脆并变色。待降到室温后，在锅沿上敲碎鸡蛋，让蛋液流进锅里，煎到想要的程度，然后等煎蛋降到室温。

高温加热炭烤锅，在黑麦面包片上刷一层橄榄油，将它烤透。在温热的餐碟里摆好面包片，浇上温热的焗豆，摆上口菇、鱼肠、烟熏鱼肉、煎鸡蛋以及炸好了的烟熏鳗鱼薯饼，欧芹可以当配菜。来一杯血玛丽（一款鸡尾酒），很搭。

见第168—169页图

基辅鱼餐

年少时，我们把基辅鸡肉当作精品正餐，不经常吃。如何将这道菜的工艺运用到煎鱼上面呢？我们决定用餐桌上最常见的鱼——乔治王鳕鱼来做。餐厅里有专用料理机，这样我们就可以去掉所有鱼骨（包括软骨在内），做出没有瑕疵的鱼餐了。这是一份家常食谱，鱼肉可以用牙签串起来炸。黄油与蒜蓉的用量可以根据个人喜好来增减。

4人份

4片无骨、蝴蝶形状的乔治王鳕鱼片（或其他鳕鱼的鱼片），大概250克
150克普通面粉
4个鸡蛋，轻微打散
180克Panko日式白面包糠
2升棉籽或葵花籽油，用于油炸
对半切开的柠檬，绿叶沙拉备用

蒜蓉黄油

60克变软的咸黄油
1汤匙扁叶欧芹，剁碎
1汤匙细香葱花
2瓣蒜，最好捣成蒜蓉

调制蒜蓉黄油：将所有食材搅匀后铺在塑料膜上，卷成原木状，直径1厘米。把食材冷冻到紧固，然后切成4块大小相同的桶形块。

让鱼片头朝上摆在你的面前。把冻好的蒜蓉黄油卷放在鱼肚子中间，把腹部的肉拉过来盖住黄油。用5根牙签扎住腹腔，固定鱼身，不要留缝。再把除了头以外的鱼身裹上面粉，放到蛋液、白面包糠里蘸一蘸。用同样的方法处理其余的鱼片。然后冷藏30分钟。

锅内放油加热到180摄氏度，放入2片鳕鱼片煎4分钟。然后小心地从锅里捞出来，拔掉上面的牙签。其余2片鱼片同此步骤。

柠檬块和绿叶沙拉摆在鱼盘中。

备选鱼：

鲱鱼
鲻鱼
其他澳洲鳕鱼

意式煎剑鱼熏肉卷

传统做法中用到的鼠尾草和熏肉依然会出现在这道鱼餐中，鱼不要煎得太久，可以搭配柠檬角，或绿叶菜沙拉和番茄干享用。

2人份

12片鼠尾草叶
2块160克的剑鱼腰，对半横切，厚约2厘米
100克熏剑鱼肉（翻到60页），切成10条15厘米长、1厘米深的肉条
60克酥油

将6片鼠尾草叶铺满一整块剑鱼腰，取5条熏剑鱼肉条铺上，间距相等。将肉卷起来，拿牙签固定。第二块剑鱼腰肉同此步骤。

中温加热煎锅里的酥油，放入鱼卷煎3分钟至黄棕色，煎的时候要让鼠尾草叶的那面朝下。翻面后再煎2—3分钟，具体时长要看肉的厚度。煎好后盛出，拔掉牙签，静置几分钟后上餐。

备选鱼：

马面鱼
安康鱼
澳洲鳕鱼

烟熏鳗鱼，搭配甜菜根酱和甜甜圈

这道融合了烟熏、咸、甜、酸味和乳脂味的点心算是一道高端前菜，所用的甜甜圈还能单独做小食。

目标：大约30个甜甜圈

烟熏鳗鱼馅料

2个高淀粉土豆，削皮，四等分
50克细盐
半块加热的烟熏鳗鱼，保留鱼皮和鱼骨，用叉子把肉撕下来
250克酸奶油
海盐片和现磨黑胡椒粒
柠檬汁，用来提味

甜菜根泥

1头红色甜菜（根），在上面撒满海盐片
1.5汤匙初榨橄榄油
2根柠檬百里香枝
80克细砂糖
50毫升红酒醋

甜甜圈

30克新鲜酵母
135毫升水
525克面包粉或高筋粉，足够涂抹案板
60毫升全脂牛奶
85克细砂糖
115克蛋黄
60克融化的酥油
2茶匙盐
2升棉籽或葵花籽油，用于油炸

调制馅料：往盛有水的大锅里加土豆、盐、烟熏鳗鱼皮和鱼骨（如果有）煮沸。土豆煮烂后沥干，扔掉鱼皮和鱼骨。用网筛将土豆碾碎，等它降温到温热。

往土豆碎里加碎鳗鱼肉和酸奶油，放少许盐、黑胡椒粒和柠檬汁提味，充分混合。将混合料放进带喷嘴的填充（冰）袋里冷藏。

制作甜菜根泥：将烤箱预热到180摄氏度。

把甜菜根放在铝箔纸的中央，稍微放点盐、橄榄油和百里香枝，烤40分钟至软透。趁热给甜菜根削皮，切段，扔进食品加工机或搅拌机里搅成细泥。将甜菜根泥过筛，然后放到一边。

小锅里放糖溶解8分钟，或等到颜色变暗。锅中放醋继续让糖溶解。倒甜菜根泥，中火焖10分钟，让菜泥变稠。待菜泥凉透后倒进喷嘴填充袋里。放到一边。

甜甜圈：在碗里混合15克的新鲜酵母、水和150克面包粉，等它们融合。在室温下放2小时。

将牛奶和剩下的酵母放入搅拌机里融合，再静默1分钟。将酥油以外的食材一起倒进刚才做好的酵母面团里，在面钩上挂5—7分钟，直到变得光滑而均匀。将面团盖严放在冰箱里发酵一夜，膨大两倍。

第二天，在烤盘上抹上少许面粉。将面团放在撒了面粉的案板上滚一滚，再把它们揉成1.5厘米厚的面饼。拿4厘米宽的环形模具扣在面饼上，并切掉挤到外边的边角，再把面饼放进撒了面粉的烤盘里冷却1小时。

锅中放油加热到180摄氏度。把面饼放在漏勺上，伸进油锅里，每次、每面各油炸1—1.5分钟，炸成棕黄色，面饼里面的颜色较淡且已经膨大。再用纸巾拍干甜甜圈上的油。

在每个甜甜圈上挖个小洞，把馅料填进去，然后在上面挤一些甜菜根泥。等到温热时上餐。

备选鱼：

烟熏凤尾鱼
烟熏鲱鱼
烟熏沙丁鱼

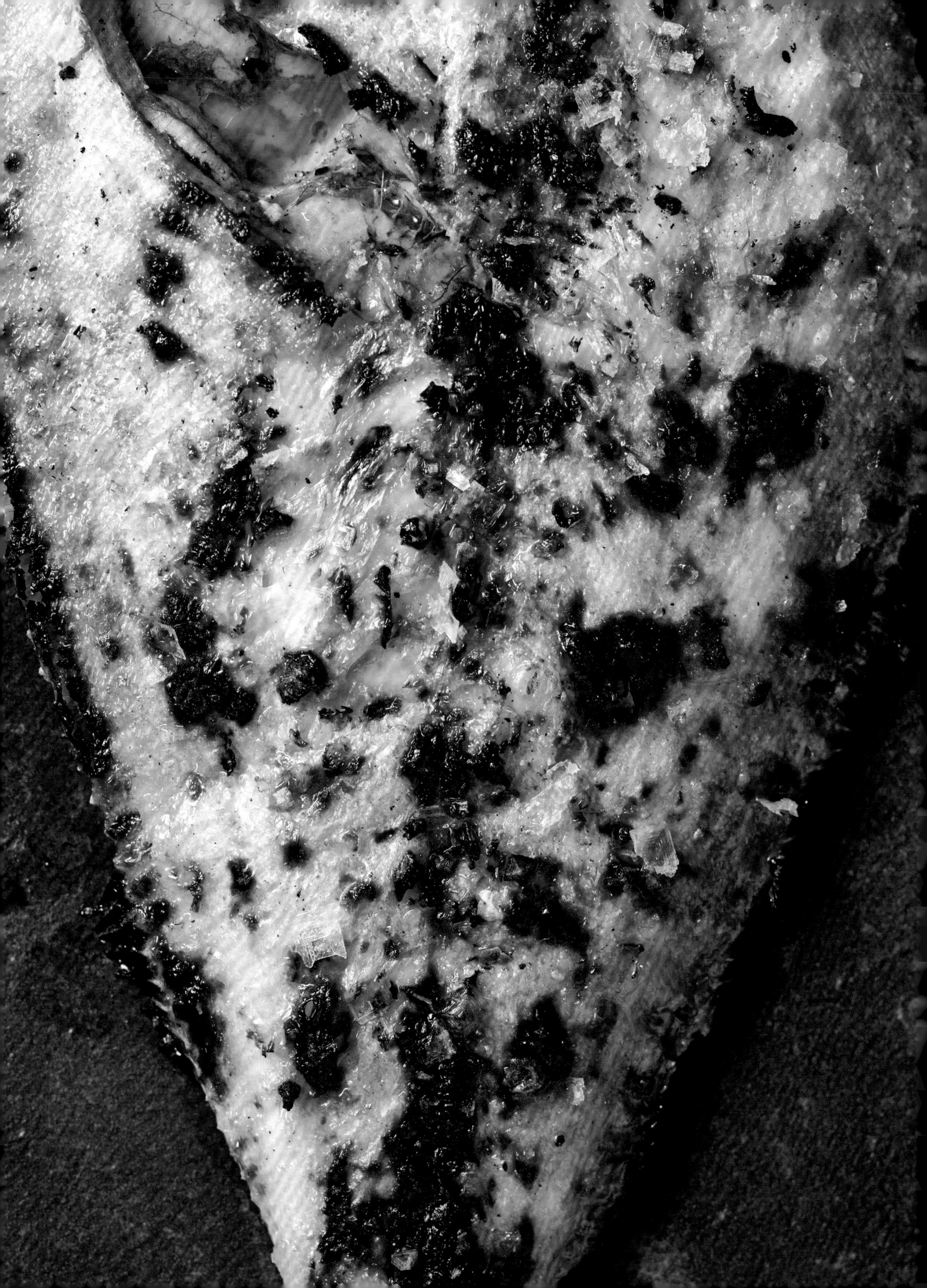

烧烤

适合烧烤的鱼包括：

鲣鱼

比目鱼

鲱鱼

马鲛鱼

鲻鱼

沙丁鱼

斑点鳕鱼

无论是用燃气炉或炭烤架烤鱼，要么是用高温快速把鱼烤熟，要么是把煎过的鱼皮烤得更松脆。鱼皮一旦接触了滚烫的烤架就会立刻起泡、变焦，因此鱼脂多且份量适中的鱼最适合烤了。

除了要选择鱼脂饱满的鱼，我们在烤鱼时也要有耐心。尽量不要频繁地去翻面，否则鱼皮容易撕裂。烤鱼时自信些，即使是廉价且味道稍逊的鱼肉也会成为美味；如果处理得当，仔细琢磨，那么鲱鱼、鲻鱼、比目鱼、马鲛鱼、沙丁鱼和斑点鳕鱼等就能和石斑鱼、婢鳍鲷和海鲷鱼相媲美了。

左页图：黄肚比目鱼。

烤“蝶形”鱼的基本方法

烤鱼前要选含有丰富鱼脂的鱼，这有助于减少鱼皮粘住烤架的次数，让鱼肉保持湿润。特级初榨橄榄油或葡萄籽油适合用来烤鱼，与海盐片一起抹到鱼皮上。鱼皮上的油不要太多，否则容易燃起火焰，散发出燃料的气味。

如果用木炭烤鱼，一定要把炭烧成灰且没有明火。将炭灰均匀地铺在烤架底部，防止出现过热点，否则鱼皮会燃烧或受热不均匀。烤鱼前还要确保烤架是烫的且炭灰已经放了至少20分钟。

1.

将鱼皮朝下铺在烤架上，把鱼秤放在鱼肉最厚的部位。（如果是肉质软的鱼，如沙丁鱼或蓝色马鲛鱼，就先把它们放进小托盘或小煎锅里，然后再放到烤架上。）

2.

当鱼皮变得金黄时拿走鱼秤，用手背试温，确定肉是热的，生肉的颜色渐渐变成了半透明色。（如果发现肉片没有热透，顶部的肉还是凉的，就减少热炭灰或木炭的量）。

3.

烤到七八成熟时，拿宽铲小心地将鱼肉从烤架上铲下来，盛进加热过的餐盘中。用少量橄榄油涂刷鱼皮，撒上海盐，再盛进热盘子里，以便冷却到最佳的品尝温度。保持鱼皮朝上，否则会破坏口感。

左页图：黄眼鲻鱼（熟成4天）。

54.7°c

烤扁形鱼的基本方法

烤扁形鱼可以参照以上的方法。唯一的区别是，在滚烫的烤架上烤带骨的鱼片时需要更加小心。

比目鱼、鲽鱼、龙利鱼和多宝鱼很适合烧烤，准备工作简单，鱼皮里有大量的健康鱼脂和胶质，会让鱼肉保持润泽。

1\. 让鱼肉变色需要使用高温，这样也能尽量避免鱼皮粘住烤架，温度不宜过高，否则当鱼皮燃烧起来时鱼骨上的肉还是生的。木炭的摆放位置很关键。将一部分热炭灰铺在烤炉的中央，剩下的堆在炉子的边缘。这样鱼皮在加热时变色均匀，肉也烤得透。

2\. 当两面烤得金黄时，检查鱼头旁边的鱼骨温度。应该会达到60摄氏度。

3\. 涂一层橄榄油，多撒些海盐。

烤红鲻鱼，搭配玉米和黄油海带

用炭烤架把红鲻鱼烤得焦香，足以让人兴奋不已。烤红鲻鱼的味道很独特，有种贝类的口感，因此我喜欢将它比作“穷人的龙虾”。玉米的甜与鱼皮的鲜让这道菜更加美味。

4人份

2升水
100克细盐
4根带皮的玉米
90毫升初榨橄榄油
海盐片和现磨黑胡椒粒
200克软黄油
2汤匙干海带末（可以用海苔或裙带菜）
100毫升褐色鱼汤（翻到67页）
柠檬汁，用来提味
4片无骨、蝴蝶形状的红鲻鱼片，每片约200克，带皮，不要切头和尾

炭烤炉烧烫，木炭已经烧成热炭灰并均匀地铺在底部，热量分布均匀。

锅中放入水和细盐用高温煮沸。把玉米放进去，盖好盖子煮4分钟，或煮至变软。凉透后把玉米皮剥下来，用30毫升的橄榄油涂刷玉米，撒上海盐。

烤架上的热量要分布均匀，观察过热点会在烤架的哪里出现。烤4分钟玉米，或烤到微微焦黑后从烤架上拿下来，把玉米粒剥下放在一边。

将黄油用搅拌机搅到发白，膨胀两倍，放入海带末继续搅拌至融合。

锅里放汤和玉米粒加热，烧至汤水减半。将海带黄油块切片放入汤里并用低火缓缓加热黄油片至乳化，海带黄油形成的酱比较浓稠、有光泽。搭配柠檬汁、胡椒粒和少许盐。保持温热。

用剩下的橄榄油涂抹鱼身，撒上大把的盐。把鱼片放在烤架上，皮朝下，把鱼秤放在最靠近鱼头的部位烤2分钟。再把鱼秤移到鱼片中央，再烤1分钟。

当鱼烤到七成熟时从烤架上取下并盛入两个盘子里，将玉米和海带黄油酱浇在烤好的鲻鱼上。

备选鱼：

鲱鱼
鲻鱼
澳洲鳕鱼

烤条纹鳕鱼肋排

准备这道菜时最好用个头大一些的鱼，如条纹鳕鱼、石斑海鲈鱼、石鲈鱼或南极石首鱼，它们的胸腔都比较大。在鱼肉上挤一些青柠汁会让烤鱼更香。餐具可用可不用。

4人份

4块条纹鳕鱼肋排，每块约100克
2汤匙初榨橄榄油
海盐片

烧烤酱

500克番茄，烤到起泡
100毫升麦芽醋
150克黑糖（或砂糖）
半茶匙八角末
半茶匙茴香籽粒
半茶匙胡荽粒
半茶匙黑胡椒粒
半茶匙腌辣椒粉
2.5汤匙伍斯特沙司
1汤匙维吉麦酱（Vegemite）

调制烧烤酱：把所有食材放进搅拌机或食品加工机里搅拌成泥，然后倒进锅中，用中温加热40分钟，等到变稠、飘出香气，再放进搅拌机里搅到丝滑的状态。冷却一会儿。

等酱变凉后浇到条纹鳕鱼肋排上，冷藏一夜。

第二天准备炭烤。炉子一定要是热的，木炭已经烧成了热炭灰，均匀地铺在底部，热量分布均匀。

把肋排从腌汁中取出，刮掉上面的杂质，刷少量橄榄油，撒盐。

烤架一定要受热均匀，把肋排放在烤架上，用高温烤焦。

趁热上桌，备好湿毛巾以便擦手。

备选鱼：

石斑鱼
无须鳕鱼
石鲈鱼

烤大眼澳鲈，搭配坚果酱和柠檬优格

坚果酱的香醇和柠檬优格的酸香，让这种不常吃到的鱼餐大放异彩。大眼澳鲈（又叫澳洲鲱鱼）有股清香的咸味，鱼脂润泽，适合用来烧烤。

4人份

4小块花椰菜根
2汤匙初榨橄榄油
海盐片
4片切开摊平的大眼澳鲈
柠檬汁，用来提味

柠檬优格

1个柠檬，
250克天然酸奶
海盐片

坚果酱

250克坚果

烤鱼之前准备小烧烤炉、燃气炉。（建议使用小烧烤炉，效果会更好）

制作柠檬优格：用小刀在柠檬上钻些小孔，然后放进锅里。锅中倒冷水没过柠檬。盖上盖子煮沸，然后再煮5分钟后把柠檬捞出沥水。以上过程重复两遍。这时柠檬会很软，果核的苦味几乎去掉了。将柠檬对半切开并去籽，用搅拌器搅到果泥变得光滑。将果泥盛进碗里，盖上烘焙纸防止上面结皮，然后冷藏。

柠檬泥等凉透之后，与酸奶、一大撮盐混合。如果味道还是很浓，就再加一点酸奶。然后放在一边。

制作坚果酱：将烤箱预热到160摄氏度。把坚果放在烤盘里烘烤15分钟至呈现浅棕褐色。把热的坚果倒进70摄氏度的料理机里搅拌10分钟，搅成光滑的坚果泥，像花生酱一样。当然，放少许温水搅拌也可以。

烧烤炉一定要是热的，木炭已经烧成了热炭灰。

在花椰菜根上刷少许橄榄油，撒上海盐。用中至大火烤2分钟，或烤到变软。将花椰菜的茎切成段，菜花不用切，放入温热的碗里。

在大眼澳鲈鱼皮上刷一点油，撒些盐，然后拿到烤架上烤，鱼皮朝下。用高温烤2分钟，小心不要让鱼皮燃出火苗。烤到七成熟时把鱼从烤架上拿开、对折，这样肉片就夹在鱼皮里面了。

上桌前往盘子中央舀一勺坚果酱，再往酱里放一小勺柠檬优格。然后在花椰菜上刷点油，挤点柠檬汁。把切成段的茎和小菜花堆在坚果酱上面，将鱼肉码在上面。

备选鱼：

马鲛鱼
王鱼
沙丁鱼

烤绿背比目鱼，搭配酸果汁和酸叶草

很幸运，我能与维多利亚州转角湾的渔夫布鲁斯·柯里斯（Bruce Collis）合作。他捕到的鱼都很棒，绿背比目鱼更是让我大开眼界。这份食谱能让你们感受到绿背比目鱼的清香和紧实的肉质。黄肚比目鱼、龙利鱼或多宝鱼都是理想的替补选手。

4人份

2条500克的绿背比目鱼，去内脏、刮鳞
120毫升初榨橄榄油
海盐片
120毫升酸果汁
130克大酸叶草，切成段

炭烤前确保烤炉是烫的，木炭已烧成了热炭灰。

在整块鱼皮上刷点橄榄油，撒上海盐。将鱼的肚皮贴在烤架上烤4分钟，翻面后再烤4分钟，或烤至鱼骨达到60摄氏度。

把剩下的橄榄油和酸果汁倒入平碟里，放在热烤炉里加热。再把鱼放进碟子里，关上烤炉开关放置5分钟。

将鱼翻面后再次放进热烤炉，将碟子里的鱼汁和酸果汁、橄榄油搅匀，然后浇到鱼身上，再撒一把酸叶草。

备选鱼：

黄肚比目鱼
龙利鱼
多宝鱼

烤剑鱼腰，搭配番茄白桃沙拉

剑鱼为我带来灵感，让我用鱼丰富了肉食世界。这道菜是圣彼得海鲜餐厅的经典烹饪实例。宰杀剑鱼的时候我们会留一块带骨的上腰肉，三块无骨的后腰肉。这种切法很独特——带骨的肉会成为剑鱼餐的“主心骨”。我们将腹肉腌一下，熏好后切成片，可以蘸调味酱（用烤剑鱼骨和脊髓熬成的）。同时，我们可以将鱼肋骨切成段（如右页图所示），搭配沙拉。

4人份

1块1.5千克的剑鱼腰（骨）（最好是熟成20天的）
2汤匙初榨橄榄油
海盐片和现磨黑胡椒粒

牛心番茄和白桃沙拉

175毫升 橄榄油
50毫升 霞多丽干白葡萄酒醋，或者往白葡萄酒醋里加一撮糖
半块香草豆荚，刮掉籽
3个牛心番茄，切成片
海盐片和现磨黑胡椒粒
3个白桃，切成与番茄片同样大小的片

炭烤前确保烤炉是烫的，木炭已经烧成了热炭灰。

制作沙拉：碗里放入橄榄油、酒醋和香草豆荚调成汁。番茄片上撒盐和胡椒粒，和白桃片一起摆在餐盘里。搅匀的调料往番茄片和白桃片上舀一勺。放到一边。

预先将烤炉加热到100摄氏度或以下（尽量做到）。

烤鱼肋排：先将鱼肋排放在托盘里的金属架上刷少量橄榄油，撒一大把海盐。稍微加热一下烤炉，让鱼肉的温度达到35摄氏度。鱼肉看起来应该只有1分熟。

把上腰骨放到烤架上用高温将每面烤2分钟，包括鱼皮和鱼骨的两侧。当心不要让皮燃出火苗。检测内温，达到55摄氏度。再放5分钟。

在这段时间里，给鱼肋排多刷一些橄榄油，多撒点海盐和胡椒粒。挖掉上面的脊背肉，把骨头放在一边，撒一大把盐和胡椒粒。放到盘子中央。

将无骨腰肉切成薄片，放进盘子里，挨着鱼肋排。搭配番茄白桃沙拉享用。

备选鱼：

月亮鱼
金枪鱼
野生王鱼

烤蓝色马鲛鱼，搭配烤番茄吐司

烤焦的番茄好吃极了，跟油腻的鱼肉（如马鲛鱼、金枪鱼或鲱鱼的肉）很搭，只需用烤炉把马鲛鱼烤到五分熟，搭配新鲜出炉的烤番茄吐司即可。

4人份

1条300克重的蓝色马鲛鱼
60毫升初榨橄榄油
海盐片和现磨黑胡椒粒
2片细粮酸面包片

番茄调料

300克樱桃番茄，对半切开
75克刺山柑
125克红葱头，切成小圈
2茶匙细砂糖
100毫升霞多丽干白葡萄酒醋，或者往白葡萄酒醋里加一撮糖
500毫升鱼露（翻到73页）
200毫升初榨橄榄油

调制番茄调料：把半圆形的番茄烤焦，烤的时候切面朝下，按要求分几次烤，每次烤6分钟，或烤至变软。等番茄全部烤好后，把剩下的调料倒进锅里，上餐前至少放30分钟，等它降到室温。

把马鲛鱼放在案板中间，鱼尾朝内，让腹腔向一侧敞开。把脊柱中段的一边切掉就能把鱼片拿下来了（如果你想用上边的鱼肉）；如果发现鱼片尖还连着鱼头，就把鱼调个方向，让鱼头朝内，将它对半切开。这样切下来的鱼片仍然连着尾巴和鱼头，剪掉鱼刺。用同样的方法处理另外一边，这次要让鱼横放在案板上，把上层鱼片切下来，确保鱼头和鱼尾还连在鱼片上。（如果觉得太难，就按照常规的切法，或者请鱼店帮忙。）

烤制前确保烤炉是烫的，木炭已经烧成了热炭灰。

在鱼皮上刷一些橄榄油，撒上海盐。鱼皮朝下烤2—3分钟至变色，鱼肉摸上去是热的，然后将鱼盛出，刷一点橄榄油，撒点盐和一撮黑胡椒粒。

给面包片刷一层橄榄油，每面各烤1分钟，烤到冒烟、焦黄。把吐司摆在盘子里，往上面浇一勺番茄调料，然后把鱼片放在上面，可以整块地享用，也可以切成几份与朋友一起分享。

备选鱼：

鲻鱼
鲱鱼
沙丁鱼

烤无鳔石首鱼，搭配豌豆、熏剑鱼条和生菜

无鳔石首鱼有股浓浓的甜香味，适合搭配甜而多汁的豌豆和爽脆生菜叶。熏剑鱼干为这道餐增添了无穷风味，酸果汁和龙蒿叶更是起到画龙点睛的作用。这是道醉人的春季菜肴。

4人份

2升水
100克细盐
400克新鲜豌豆
60克酥油
200克熏剑鱼（翻到60页），切成长2厘米的条
120毫升酸果汁
300毫升褐色鱼汤（翻到67页）
4头嫩叶生菜，对半切，洗干净
1汤匙龙蒿叶
80克黄油
海盐片和现磨黑胡椒粒
4块200克的无鳔石首鱼或鳕鱼，切开摊平
3汤匙初榨橄榄油

烤前确保烤炉是烫的，木炭已经烧成了热炭灰。

处理豌豆：准备一碗冰水。锅中放入水和细盐用高温煮沸将豌豆倒入，盖上盖子煮3分钟，或煮至变软，沥干后放进冰水里。

煎锅放入酥油加热，放入熏肉煎5分钟，或煎至棕黄。将酸果汁倒进去搅拌，铲掉粘在锅底的残渣。再煮3分钟，直到煮成浆。

倒入鱼汤并放生菜，盖上烘焙纸。低火炖2分钟，炖到生菜刚好发蔫。把豌豆、龙蒿叶和黄油倒入，放作料提鲜。保持温热。

在鱼肉上刷些橄榄油，撒上盐。把鱼串在烤架上，将鱼秤放在肉上，烤2分钟，或烤至鱼皮冒泡、焦黄且鱼肉变热。然后从烤炉上拿开。

往四只温热的餐盘（碟）中放入豌豆、熏剑鱼条和生菜，再放上5分熟的鱼肉，完工！

备选鱼：
比目鱼
马鲛鱼

烤鲯鳅鱼架，搭配辛香蚕豆叶、胡萝卜和蜂蜜酒

这份食谱用的是鲯鳅鱼，不禁让我想起了羊排。这道菜混合着香料的辛香，胡萝卜和蜂蜜酒的清甜，口味与众不同。烤带骨的鲯鳅鱼也能烤出独特的风味。

2人份

2块300克的鲯鳅鱼架
1汤匙初榨橄榄油
海盐片
100毫升褐色鱼汤（最好用鲯鳅鱼熬制，翻到67页）

胡萝卜黄油

1千克胡萝卜，剁碎
150毫升蜂蜜酒，够用
200克软黄油

辛香蚕豆叶

300克蚕豆叶
1汤匙干辣椒粉
1汤匙甜椒粉
1茶匙新鲜姜片
半茶匙藏红花丝
4个红葱头，切成片
2片新鲜月桂叶，切成段
1汤匙茴香粒
2瓣蒜，刨成蒜末
2汤匙剁碎的意大利扁叶芹
2汤匙剁碎的芫荽（香菜）
半个腌柠檬，切成片
125毫升初榨橄榄油，涂刷够用
柠檬汁（半个柠檬）

调制胡萝卜黄油：准备一碗冰水。用食品加工机把胡萝卜和蜂蜜酒搅成黏浆。将黏浆用细孔滤网滤进锅里，用中火熬成100毫升左右的甜浆，然后盛进碗中，再将碗放到冰水里冷却。

用搅拌机把软黄油搅拌10分钟至发白，膨胀两倍。倒入胡萝卜甜浆，再搅拌1分钟，然后倒进碗里冷却，备用。

处理辛香蚕豆叶：把蚕豆叶以外的食材倒进碗里制作调料备用。

烤前确保烤炉是烫的，木炭烧成了热炭灰。

鱼皮涂刷橄榄油，撒上海盐。拨开炭灰，留出一块温度较低的地方，小心上方的烤架会比较烫。用高温烤鱼皮4分钟至棕黄，然后把鱼架翻面，挪到低温处烤6分钟。鱼的内温达到50摄氏度后即烤好。

锅中放鱼汤焖5分钟，或焖到收汁。把胡萝卜黄油块倒进锅，晾至让黄油块在汤里均匀乳化。汤中淋上蜂蜜酒，挤一些柠檬汁中温热。

将蚕豆叶刷一层橄榄油，放到滤网上煎1分钟，煎到发软后盛进碗中，浇上几勺调料（把其余的调料冷藏几天，舀到荷包蛋上，这样适合当早餐）。搭配蔬菜、温热的胡萝卜蜂蜜浆享用。

备选鱼：

比目鱼
剑鱼
野生王鱼

黄鳍金枪鱼肉堡，搭配浸醋洋葱圈

这是一道色、香、味都酷似牛肉堡的鱼肉堡。第一次尝试时我简直不敢相信竟然这么好吃！为了它我宁愿不吃传统牛肉汉堡。

4人份

4片切达奶酪
4个白色汉堡包，对半切开
60毫升烧烤酱（翻到187页）
12片乳黄瓜（翻到101页）
4片煎脆的熏剑鱼片（翻到60页）
4根切好的卷心生菜叶
海盐片

鱼肉小饼

40克酥油
200克红葱头，切成片
100克黄鳍金枪鱼的边角料
1汤匙盐
200克黄鳍金枪鱼腰
200克黄鳍金枪鱼红肌肉
1茶匙黑胡椒粒
半茶匙茴香籽粒
50克墨累河鳕鱼的鱼脂（或海鲫鱼或无须鳕鱼的鱼脂），切成片
2汤匙初榨橄榄油

浸醋洋葱圈

2汤匙细砂糖
500毫升麦芽醋
80克盐
4头洋葱，切成1厘米厚的洋葱片，去掉中间的小圈
2升棉籽或葵花籽油，用于油炸
50克米粉
半份 炸鱼薯条面糊（翻到139页）

鱼肉小饼：低温加热酥油，放入红葱头圈后盖上盖子煨10分钟，那时还没变色。用食品加工机将金枪鱼的边角料和盐搅成粉色的糊。

把金枪鱼腰剁碎，放进鱼糊里搅匀，看着像牛肉馅。用同样的办法处理红肌肉，搅拌成糊后放胡椒粒、茴香籽粒和墨累河鳕鱼脂片。然后至少冷藏30分钟。

烤前确保烤炉是烫的，木炭烧成了热炭灰。

把金枪鱼糊揉成4个小肉饼，每个约重120克。轻轻往下按一按，厚度不超2厘米。刷上油，放在室温下待用。

用烤架烤小肉饼4分钟，两面都烤焦，反面稍微多烤一会。把奶酪片放在肉饼上面，等它稍微融化放置备用。

煎洋葱圈：锅内放糖、醋和盐煮沸。把分散开的洋葱圈放入腌汁里煮1—2分钟，或煮至刚好变软。用漏勺捞出来。分几次煮熟。

把锅里的油加热到180摄氏度。将洋葱圈裹上面粉。往油里一次放一块小肉饼，煎成淡棕黄色。用纸巾拍干油，撒上盐。

在烤架上微烤一下汉堡包。摆盘时，在汉堡包的中央放一勺烧烤酱，加小肉饼、腌菜、熏肉（如果需要）、生菜，多淋些酱，最后盖一片汉堡包。把汉堡包往下压，搭配煎好的洋葱圈。

备选鱼：
海鲷鱼
红鲷鱼

见前页图

烤月亮鱼排，配炸薯条

这道餐和牛排配炸薯条有相似的风味。哪怕最挑剔的味蕾也会对这块大鱼排感到满意！它的配菜更是五花八门。

10人份

1块2千克的月亮鱼或金枪鱼的圆肌和暗色的肉，带皮，鱼最好是熟成8天的
60毫升初榨橄榄油
海盐片和现磨黑胡椒粒

蛋黄酱

6个红葱头，切成片
4根龙蒿叶枝，再加2汤匙龙蒿叶末
12粒黑胡椒
250毫升白葡萄酒
250毫升龙蒿叶
醋
7个蛋黄
500克新鲜黄油，切成丁，放在室温下
海盐片和现磨黑胡椒粒

配菜

120克收拾好的水芹
80克收拾好的苦苣
10头小萝卜，切成滚刀块
半份酸果汁调料（翻到90页）
1千克薯条（翻到139页）

调制蛋黄酱：用中至大火把红葱头片、龙蒿叶枝、胡椒、葡萄酒和醋加热8—10分钟，收汁至150毫升。

把蛋黄倒进煎锅里的耐热碗中。将龙蒿叶汁过滤到蛋黄上，搅拌均匀。把碗放回刚才的锅里，搅动碗里的食料，当混合料膨大3倍后加黄油块，每次加3—4块，都要搅匀。黄油块加完之后把碗从炉子上拿开，放龙蒿叶末，然后盖上烘焙纸防止上面结皮。保持温热。

预热烤炉，尽量只让炉温达到最低温挡。鱼肉刷橄榄油，撒上盐，放入烤炉里的架上烤1小时，直到鱼温达到45摄氏度。至少放10分钟后用橄榄油再刷一遍鱼皮。

将鱼放入加热后的煎锅，把鱼皮烤焦，让鱼肌的背面贴着锅底，稍微煎一会儿就拿出，切成鱼排，有点像用牛臀尖肉切成的牛排。撒上作料，搭配蛋黄酱、水芹、苦苣和淋了酸果汁调料的萝卜沙拉，再上一盘炸薯条。

备选鱼：

马林鱼
金枪鱼
剑鱼

见第205页图

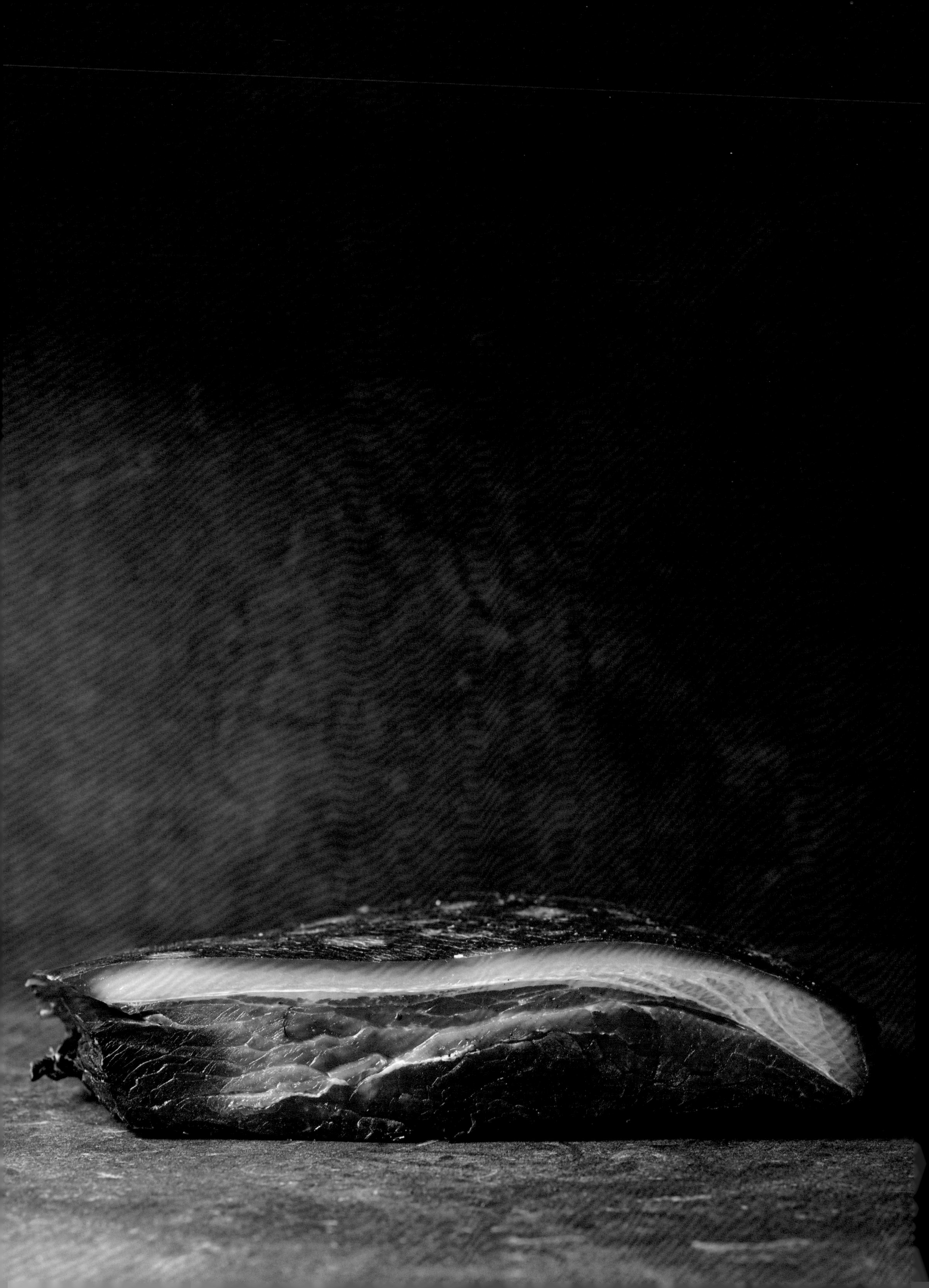

烤鱼肠，搭配块根芹、豌豆和洋葱酱

这种搭配一点也不复杂，其实就是我们熟悉的“香肠+土豆泥+洋葱汁”套餐换了一种做法，把传统的猪肉肠换成了鱼肠。我超爱这道菜，希望你们也会喜欢。

4人份

鱼肠

40克酥油
3头洋葱，切成片
250克虹鳟鱼或海鳟鱼的腹部
250克无骨、无皮的白肉鱼（如新西兰鳕鱼、无须鳕鱼、条纹鳕鱼、石斑鱼或鲷鱼），切成5毫米厚的片
1.5茶匙细盐
1茶匙黑胡椒粒
1茶匙茴香籽粒
2汤匙剁碎的欧芹
2汤匙细香葱花
羊肠衣，浸泡45分钟左右

块根芹泥

375克块根芹，削皮，切成2厘米厚的丁
200毫升牛奶
100毫升奶油（双倍/浓奶油）
40克黄油
海盐片

洋葱酱

50克黄油
4头大个洋葱，切成片
2瓣蒜，切成片
1根新鲜月桂叶
50毫升雪莉酒醋
750毫升褐色鱼汤（翻到67页）
海盐片和现磨黑胡椒粒

调好味的豌豆

200克豌豆，剥皮
海盐片和现磨黑胡椒粒
60毫升初榨橄榄油

小锅里放入酥油用中温加热，放入洋葱片焖6—7分钟，等它们凉透。

将鳟鱼的腹部肉切成大块，冷藏至少2小时，等它们冷透。

把鱼块分几次放进加工机里搅拌，每次只放少许，搅到肉泥丝滑。如果肉泥看着太油，就加一点冷水，那样会加速它的乳化。将盛到碗中，把白鱼片和所有调料，包括洋葱片和绿叶菜也倒进去。

使用香肠填料机灌肠。把鱼肠料倒入填料机里，灌入浸泡好的羊肠衣里，每根长度约12—15厘米，然后将羊肠衣的一端系起来。第一批鱼肠灌好后把它们挂好，也可以摊在金属架上干燥，最好放一夜。

第二天制作块根芹泥。将块根芹、牛奶、奶油、黄油和少许盐倒进锅中混合后用中温煮沸，调低火温后再炖一会儿，不用盖，不时搅拌一下；慢炖20—25分钟，要把芹菜炖得很软。炖好后沥干大部分液体，放凉，再倒进搅拌机或食品加工机里搅拌到菜泥变得丝滑。撒好作料，放到一边保持温热。

做洋葱酱：锅中放黄油用低温融化，煎一下洋葱、蒜瓣和月桂叶，盖上盖子焖25分钟，或者把洋葱焖到很软。揭开盖子再煎15分钟，把洋葱煎焦。倒一些醋搅拌，把粘在锅底的残渣刮下来，煮3分钟或煮到醋收汁成浆。将鱼汤倒入，中温熬20分钟，等到汤汁减半时撒好作料，保持温热。

烤前确保烤炉是烫的，木炭烧成了热炭灰，平铺开来，让热量均匀分布。

把鱼肠放在烤架上烤5—6分钟，热度要适中，烤到肠衣绷紧，肉料变硬，稍有变色。把炭灰堆成一堆，升高烤温后再烤1分钟，烤到整根鱼肠都变色后从烤架上拿下来放到一边。

处理豌豆：把豌豆和一大把盐放进开水锅里焯2—3分钟，焯到豌豆变软，呈碧绿色。把豆子捞出来，淋一些橄榄油，撒点盐和胡椒粒。

上餐前往盘子中间放一勺块根芹泥、两根鱼肠、一把豌豆，以及洋葱酱和少许橄榄油。

烘烤

适合烘烤的鱼包括：

鳕鱼

石斑鱼

牛鳅

海鲂鱼

墨累河鳕鱼

海鳟鱼

虹鳟鱼

多宝鱼

剑鱼

我们在烤肉时会把骨关节放在火上或烤箱里以便分解结缔组织；而鱼片处理起来要更小心。做鱼时很看重鱼的品种。适合烘焙或烧烤的鱼一般都有健康的鱼脂，如海鲡鱼、鳟鱼、鳕鱼或像多宝鱼那种扁鱼。

裹盐和纸包的做法会让肉质更细、鱼脂更少的鱼（如鲷鱼、珍珠鲈鱼和海鲷鱼）吃起来更香，准备起来不费事。

如果用一整条没有去骨的鱼，应该将鱼的腹腔掏空，这样能往里面塞许多调料。香料搭配油脂较厚、肉质较紧的鱼最佳，如罗勒、月桂、迷迭香和百里香。

烘焙法不局限于全鱼料理；牛鳅排、鱼块和金枪鱼头都能借用此法，用电烤箱和烧柴的烤炉都可以，因为这类鱼的油脂较厚，富含胶质。想要获得最佳口感，烘烤时需要准备好鱼温计和海盐片，提前给鱼抹上作料。还会用到金属架，它能让鱼肉离加热的托盘或煎锅远一点，热量就会均匀地穿过鱼片，把肉烤透。

左页和第212页图：岩鳅（熟成5天）。

烤整鱼的基本知识

想要顺利地烤鱼需要牢记两点，第一点最重要：选择适合的鱼；第二点有关温控，它会让鱼肉保湿，鱼皮呈古铜色，香脆可口。

1.

将烤箱预热到100摄氏度。在烤盘里放一个金属架，将整条鱼（大概400克）平放在案板上，根据鱼餐的类型和鱼的种类往鱼的腹腔里填塞几味草本植物和香料。在腹腔里和鱼皮上撒些海盐块，给鱼裹上1茶匙的奶粉，这样鱼皮就比较容易煎焦了。

2.

把鱼立起来，鱼下巴当支撑，放入烤箱里烤35—40分钟，等鱼的内温达到55摄氏度后拿出来，放8—10分钟。

3.

备餐。如果想让鱼皮呈棕黄色，就提前把烤箱里的烤架加热得很烫，或者打开烤箱的开关，把鱼放在金属架上烤2—3分钟。煎锅放入500毫升油菜籽油加热到220摄氏度，这时鱼还待在烤盘架上。将热油浇在烘干的鱼肉上要多加小心，热油会把鱼皮烫出水泡，让含有糖分的奶粉呈焦糖状。上餐前在鱼皮上撒些海盐片。

Pure 301 Steel
CHROMA
DESIGN BY F.A PORSCHE

海带盐烤海鲂鱼

我发现买到适合全家人吃的整鱼并且在家里吃这道简餐是一件很享受的事情。无论是用盘子大的海鲂鱼烹调双人餐，还是用整条墨累河鳕鱼做6人餐，都可以参考这份食谱。

5—6人份

少量海盐片
黑胡椒粒
3千克整的海鲂鱼，去内脏
1千克食盐
200毫升水
1把海带或玉米皮

将烤箱预热到220摄氏度。

在鱼的腹腔里抹上海盐和黑胡椒粒。在大托盘里铺一层2厘米厚的食盐。把鱼放在上面，洒一些水。把海带铺在鱼身上，尽量把鱼皮都遮住，然后把剩下的食盐盖在上面。往这层食盐上再洒一些水，那样外皮会烤得更硬一些。

烤15分钟，等内温达到50摄氏度。把鱼拿出来再放15分钟。

把外壳敲裂（鱼皮很可能会连着掉下来）。切鱼片时沿脊柱划一道，把大肉片割下来。将头和尾的刺去掉，这样就能将另一边的鱼片取下来了。

把鱼片分别盛入几个餐碟里，每份鱼片大约重160克。

备选鱼：

石斑鱼
鲷鱼
多宝鱼

见上页图

烤鱼脊髓，搭配哈里萨辣酱和鹰嘴豆薄饼

在大多数精品鱼店里都能买到鱼架。一定要买没有被水泡过、现切的鱼架。血一定要是鲜红的且没有异味（骨头上有血，还连着干净的肉片）。烤鱼脊髓会有股淡淡的肉腥味，具体要看你所用的调料。正是这种口味让顾客对烤鱼脊髓久久难忘。

4人份

1根剑鱼脊柱
海盐片

哈里萨辣酱

250毫升初榨橄榄油
2瓣蒜，去皮
4个小红葱头，切片
1根长的红辣椒，去籽、烧焦
4个红灯笼椒，去籽、烧焦、去皮
2茶匙烤孜然
半茶匙烤芫荽籽
1汤匙灌木番茄粉（备选）
1汤匙番茄酱（番茄泥）
2汤匙粗糖
100毫升鱼露（翻到73页）
海盐片

鹰嘴豆薄饼

200克鹰嘴豆粉
1茶匙盐，适量
半茶匙黑胡椒粒，适量
450毫升水
1汤匙酥油，烘焙时用

混合香料

1茶匙莳萝粉
1茶匙烤芫荽籽粒
半茶匙黑胡椒粒
1茶匙灌木番茄粉，漆木粉或熏辣椒粉
1茶匙海盐片

备选鱼：

昆虫鱼
鲯鳅鱼
金枪鱼

调制哈里萨辣酱：用中到大火加热锅中的橄榄油，快炒蒜瓣和红葱头片1分钟。倒入烧焦的红辣椒、红灯笼椒、烤香料和灌木番茄粉（需要时就加一些）煎5分钟，煎到飘香。倒入番茄酱，用中火煮3—4分钟，加糖再煮5分钟，然后浇上鱼露煮5分钟。撒盐后放进搅拌机里搅到柔滑，需要的话再倒少量的温水。把番茄泥倒入煎锅里煎5—10分钟，等颜色变深并散发酱香。将煎好的辣酱密封在无菌罐里，存放在冰箱里备用。

制作薄饼：把酥油以外的食材放入大碗里搅拌到柔滑，然后盛入密闭容器里在室温下放24小时。

第二天，把鹰嘴豆糊搅成稠奶油的样子。

煎锅里放入酥油加热并盛出。锅中倒入100毫升的豆糊，快速晃锅，使豆糊在锅底和锅壁上薄薄地贴一层。在薄饼上倒一点热好的酥油，往四周（比较湿的地方）撒黑胡椒粒和盐提味。翻面微煎3分钟，然后盛出。用这种方法做三张以上的薄饼。保持温热。

烤箱预热到220摄氏度，里面放有烤架。

调制混合香料：把所有食材放入碗中搅匀。

烘焙脊髓：用大号餐刀把脊柱上的每段椎骨全都切下来。将混合香料抹在脊髓上。然后立在烤盘里烤6分钟，等到变色，脊髓就烤熟了。

再撒一些盐，配上哈里萨辣酱和薄饼。

见第219页图

糖醋长鳍金枪鱼，搭配菊苣和榛仁

我在悉尼鱼面餐厅（Fish Face）做厨师时，第一批菜单上就有这道菜。现在我仍然会像十二年前一样为之自豪。黄鳍金枪鱼、鲣鱼或蓝色马鲛鱼可以当这道菜的替补队员。

6人份

600克长鳍金枪鱼腰中段，收拾好的
60毫升橄榄油
1棵白菊苣，撕碎叶子
海盐片和现磨黑胡椒粒
3汤匙烤榛仁

糖醋醋栗酱

120毫升橄榄油
150克红葱头，切成片
150毫升白葡萄酒
375毫升白葡萄酒醋
150毫升水
75克细砂糖
125克醋栗干
海盐片和现磨黑胡椒粒

预热烤箱，用最低温挡。

调制糖醋醋栗酱：煎锅内放入橄榄油加热，低温将红葱头片炖15分钟至金黄色。倒葡萄酒、醋、水、糖、醋栗，少许盐和胡椒快煨4分钟，要把红葱头片煨得很软，酱料变成浓稠才可以。收汁后的酱应该只有225毫升。待冷却后放入冰箱冷藏备用。

把鱼腰中段切成大小相等的肉块，放进冰箱里冷藏，不用盖上。

在烤盘里放一个金属架，当烤鱼的支架用。

按照架的大小剪一张烘焙纸，在纸上戳一些洞，烤鱼时鱼汁能从那里滴下来。把鱼块摆在备好的架上放进烤箱里。烤箱的温度应该保持在90—100摄氏度。如果感觉不止100摄氏度，就将烤箱门打开一条缝。鱼块的内温应该要达到40摄氏度，最好看着像是生的，只有微烤过的痕迹（小心！长鳍金枪鱼是很容易干的）。

同时，高温加热锅里的橄榄油，放入菊苣叶嫩煎，撒上盐。当叶子起泡且有点发蔫时把烤榛仁放进去，加4大勺糖醋醋栗酱。保持室温。

每个盘子里放3块鱼肉，刷上橄榄油，撒一些海盐、黑胡椒粒，然后把肉片盖浇在菊苣和榛仁上。这时就能上餐了。

备选鱼：

鲣鱼
马鲛鱼
金枪鱼

鱼肠卷饼

我在东梅特兰学厨时吃过一份无比难忘的香肠卷饼，至今我还记得卷饼的调料、油性和脆度刚好合我胃口。不确定馅料是用什么做的，希望这份鱼肠卷饼可以再现那种滋味。我们餐厅用澳洲灌木番茄调制的酱搭配这道卷饼，其实配什么菜味道都很美味。

8人份

4片酥油皮

普通面粉，抹案板时用

馅料

375克虹鳟鱼或海鳟鱼的腹部

75克新鲜扇贝肉

500克白鱼，如海鲷鱼、牛鳅或澳洲白鱼

1头洋葱，切成片

1汤匙盐

1.75茶匙白胡椒粒

1.75茶匙茴香籽粒

现磨肉豆蔻，用来提味

15克剁碎的扁叶欧芹

鸡蛋液

2个鸡蛋

1个蛋黄

1汤匙白芝麻

海盐片

提前把食品加工机里的搅拌器冰冻一下。准备一只放了冰块的碗。用搅拌器将鳟鱼、扇贝肉和白鱼肉分别搅拌成糊，然后将肉泥混合，倒入剩下的食材调味，然后放在冰碗上冷却。

在另一个碗里混合蛋液食材。把酥油皮放在抹了少许面粉的案板上，往上面舀几大勺鱼肉泥，抹成圆圈状。往酥油皮上刷蛋液，卷成卷，可以把尾端折起来封上，也可以把香肠从中间切开，让两头敞着口。用蛋液刷一刷鱼肠卷，冷藏30分钟待凝固。

同时，把烤箱预热到200摄氏度。再给鱼肠卷刷一些蛋液，撒上海盐，烤15分钟至酥油皮变得金黄，馅料发烫（可以拿肉扦测温）。然后在卷饼上面浇一大勺番茄酱。

备选鱼：

北极红点鲑

无须鳕鱼

三文鱼

炖岩鳅和鱼子，搭配黑蒜和胡椒

这道菜的灵感源自我在鱼面餐厅当厨师的时候。海鲂鱼、雨印鲷或墨累河鳕鱼可以替代这份食谱里的岩鳅。岩鳅的某些特点让我对它印象深刻，皮发黏，鱼子有甜味，肉味能够与黑蒜浓浓的焦糖味中和。

2人份

2条300克岩鳅，带骨
100克黄油，切成块
2茶匙粗磨黑胡椒粒
8片黑蒜瓣
2汤匙牛鳅鱼子
200毫升褐色鱼汤（最好用岩鳅熬制，翻到67页）
柠檬汁，用来提味
海盐片
250克嫩菠菜叶

处理岩鳅：要想去掉鱼刺，不用把整条鱼切成片再逐一来拔。建议剖开腹腔，沿着鱼头附近的上半截脊柱的两侧切开，用镊子将里面的刺夹出来。

将烤箱预热到200摄氏度。

中温融化锅里的黄油并放入黑胡椒，等黄油起泡后把鱼放进去，让鱼皮裹上胡椒黄油。不要让皮变色，然后放黑蒜瓣和鱼子。将鱼翻面，让腹腔贴着锅底。倒高汤煮沸。然后给鱼盖一层铝箔，放进烤箱里烤4分钟。

把腹部翻上来再烤4分钟，然后取出，把鱼背朝上，盛入盘中。

将盛有高汤的锅用中火收汁，变稠且发亮。挤点柠檬汁，撒少许盐。把菠菜放进去热30秒，菜会微微发蔫。上餐前在烤好的鱼块下面垫上菠菜，在鱼肉上面浇一勺蒜瓣鱼子酱。

备选鱼：

海鲂鱼
红娘鱼
多宝鱼

惠灵顿鱼卷

惠灵顿牛肉卷对我家来说算是道大餐，只在特别的日子烹饪。我想做惠林顿鱼卷的想法与传统的俄式鱼馅饼（Coulibiac）的思路是一致的。这又是一道适合在餐桌上亮相的鱼餐，既展现出精湛厨技和烹饪天赋，又表达了浓浓的爱与包容。

6人份

1整条海鳟鱼的鱼块，剔掉鱼皮，钳掉骨刺
4张海苔片
500克现成的酥油皮
普通面粉，抹案板时用

蘑菇和扁豆泥

150克酥油
1千克野蘑菇，切丁
100克黄油，切丁
1头洋葱，切丁
6瓣蒜瓣，剁碎
半汤匙剁碎的百里香
海盐片
125克煮熟的黑扁豆，有皱皮

蛋液

2个鸡蛋
1个蛋黄
1汤匙白芝麻籽
海盐片

处理蘑菇：锅内放75克酥油用中温加热，分两次煎蘑菇，煎至金黄，每次煎10—12分钟。把所有煎好的蘑菇倒回锅中，调高火温，放黄油、洋葱、蒜瓣和百里香嫩煎10分钟，待食材变软，蘑菇变干，给蘑菇撒盐提味，再用食品加工机搅碎。把蘑菇混合料里多余的油脂或水分吸干，再把扁豆放进去搅匀并冷却一下。

摆盘：把鳟鱼块横着切开，拎起鱼尾那段，把它翻到另一段鱼块上面，确保腰部和腹部在同一平面上，这样横剖面看着就像是完整的一块。

在案板上铺一大张塑料膜，把海苔片铺在上面，拼成长方形。把蘑菇扁豆泥舀到海苔片上摊匀。把鱼块放在上面，拎起离你最近的塑料膜的一角，使海苔蘑菇泥卷着鱼块，卷成原木状，菜泥要完全包住鱼块。然后松开两端的塑料膜，冷藏一夜。

第二天，在碗里混合所有的蛋液食材。在撒了面粉的案板上摊开一片冷藏过的酥油皮，宽度和长度要超过鱼卷的面积。

把鱼卷上多余的塑料膜剪掉，摆在酥油皮的中间。用蛋液把酥油皮涂遍，再把它卷起来包住鱼卷。剪掉多余的酥油皮，再刷些蛋液。冷藏至少1小时。

将烤箱预热到220摄氏度。在惠灵顿鱼卷上再刷一些蛋液，撒少许海盐，烤20—25分钟，直至变成棕色，内温达到48摄氏度。

放10分钟后把惠灵顿鱼卷切成6块大小相等的“寿司卷”，搭配新鲜沙拉。

备选鱼：

石斑鱼
虹鳟鱼
三文鱼

蜜汁圣诞海鲻鱼火腿

这是最让我惊喜的一道菜了。在圣彼得海鲜餐厅开张的第一年我就想过，如果能把鱼肉做成蜜汁圣诞火腿该有多好啊！ 首先，圣诞鱼火腿外观不错，其次，味道更独到。可是第一次做时选的鱼皮太厚，过程有一点麻烦；论味道，圣诞鱼火腿有一股我喜欢的烟熏味，不过缺少理想的调料。第二年我们又尝试了一次，这次挑对了鱼，厨技也有了明显的长进。

10—12人份

1块约4千克的海鲻鱼尾，剑鱼尾或石斑鱼尾也可以
24粒丁香
100克熏山核桃木片或熏樱桃木片

腌熏（每1千克鱼腌出120克的鱼片）

40克细砂糖
80克细盐
1茶匙蒜末
15克百里香叶
¼茶匙硝酸盐
1汤匙烤黑胡椒粒
1片新鲜月桂叶，切成段

蜜汁所用香料

100克肉桂粉
半茶匙蒜末
半茶匙八角末
1茶匙混合香料粉（包括前三样）

蜜汁原料

180克蜂蜜
360毫升红葡萄酒醋
1汤匙蜜汁所用香料（如上）
1汤匙法式芥末酱

这份特色菜建议使用鱼身的后半段来做。从排泄口下方动刀，这样骨头上的肉不会掺杂鱼刺。另半边鱼肉也可以单独腌制。

确定你要腌的鱼有多大，要腌到什么程度。将所有腌料放到干净的碗里拌匀。戴上一次性手套，将腌料抹遍海鲻鱼尾，再放入不锈钢托盘里，或是铺了烘焙纸的塑料容器里。盖上烘焙纸，放进冰箱腌5天，每天都要给鱼翻面，戴上一次性手套，防止污染鱼肉。

腌好的鱼从盘子里拿出来，洗掉上面的腌料，拿纸巾拍干水分。用刀刃在鱼皮上划出网纹，在每个网结上放一粒丁香。

熏制火腿：可以用烤箱，温度放至最低挡。厨房一定要通风将铺满湿的熏木片的托盘放在箱底。点燃熏木片，让烟弥漫整个烤箱。烟熏2小时，或者熏到鱼的内温达到40摄氏度后拿进冰箱冷藏一夜。

调制蜜汁所需香料：把食材全都放进密闭的容器里备用。

调制蜜汁：用中到大火将锅里的食材煮沸，煮30分钟至汁液减半（不要过度收汁，否则蜂蜜发苦）。将蜜汁晾至室温。

将烤箱预热到200摄氏度。

给鱼火腿刷满蜜汁，放在烤盘上的金属架上烤20分钟。从烤箱里取出再刷一层蜜汁。这时的鱼皮变软、变色了。继续烤15分钟至鱼皮完全呈釉色，这时鱼皮会比较软，边缘酥脆。鱼火腿要烤透，上餐前最好在上面雕些花纹。

搭配最爱的圣诞沙拉、酱料和蔬菜享用吧。

备选鱼：

海鲂鱼
鲯鳅鱼
野生王鱼

见下页图

鱼子薯片糕

这份食谱更像是一道配菜，让各种鱼子、酸奶油和细香葱各尽其用。

4人份

4个中等大小的高淀粉土豆切成2—3毫米厚的薯片
240克酥油，融化后，有一点温度
400克雨印鲷或海鲂鱼的鱼子
2汤匙牛至叶
海盐片和现磨黑胡椒粒
3个大个小红葱头，切成片
150克酸奶油
2把细香葱，切成葱花
100克海胆黄，洗干净
100克三文鱼子

将烤箱预热到200摄氏度。

把薯片放进大碗里，和融化了的热酥油混合，这样薯片就裹上了一层酥油。把鱼子和牛至叶倒进去，撒点盐。

将薯片叠放在4个鸡蛋大小的盅里（也可以用松饼模），均匀加热盅的底部，等到薯片把盅撑满时再放两片，因为薯片在加热时会缩小。然后盖上烘焙纸烘焙25—30分钟，等薯片变软。

关火后至少等10分钟，用余热烤一会薯片，然后盛入温热的餐碟里。趁薯片还热时往中间撒一勺小红葱头片，浇一圈酸奶油（一勺的量），撒一勺葱花，撒黑胡椒粒和海盐。上餐前在盘中放3—4块海胆黄，舀一勺鱼子点缀在酸奶油上。

备选鱼：

无须鳕鱼
圆鳍鱼
多宝鱼

烟熏鱼“特大啃”(Turducken)

把鱼切开摊平是鱼店的日常工作，而给鱼去骨在这份食谱里是份让人头疼的任务。这是一道吸睛鱼餐——在下一个特别的日子里让它隆重登场吧！

12人份

2千克无骨、蝶形海鳟鱼，保留头尾

1千克无骨的蝶形墨累河鳕鱼

1千克黄鳍金枪鱼腰，收拾好

100克湿的红铁木片或其他硬木木片

腌汁

400克细盐

8升凉水

调制腌汁：搅拌盐和凉水，等盐溶解。把鱼片放入碗里，倒腌汁。静置一夜。

第二天，用纸巾拍干鱼身上的水分。将鳟鱼皮朝下平摊在面前，鱼尾朝内。按这个摆法把鳕鱼放在鳟鱼上面，再将金枪鱼放在鳕鱼上面，靠近中间位置。用厨房绳线将鱼捆起来固定住，鱼的腹部紧紧相接，像是完整的一体。

准备熏鱼：将烤箱调到最低挡加热。厨房一定要通风。在箱底放一个盛满湿熏木片的托盘。点燃木片，让烟弥漫整个烤箱。将鱼片熏2小时，或熏到内温达到40摄氏度。静置一会儿后放进冰箱冷藏一夜。

这道餐可以当冷餐，也可以往上面刷层油，撒上海盐，放进预热到240摄氏度的烤箱里烤10分钟，烤到焦脆。静置一会儿后雕花纹，趁热上餐。

备选鱼：

无须鳕鱼

虹鳟鱼

三文鱼

见下页图

什锦鱼馅饼

我做的这些小馅饼将儿童派对馅饼的香甜和怀旧的感觉糅合成了一种经济型烹鱼方法，充分体现了鱼的价值。

4人份

酱

50克黄油
50克普通面粉
550毫升褐色鱼汤（最好用海鲂鱼熬汤，翻到67页）
海盐片和现磨黑胡椒粒
1个海鲂鱼卵包，将鱼子刮出来，重约100克
200克海鲂鱼鱼块，去皮，切成3厘米长的鱼段
2张酥油皮
喷油壶
普通面粉，抹案板时用

馅料

60克酥油
80克海鲂鱼鱼肝
1根韭葱，剁碎
1汤匙剁碎的龙蒿叶
1小颗熏鱼心（翻到74页），擦碎（备选）
1小块熏鱼脾脏（翻到74页），擦碎（备选）

蛋液

2个鸡蛋
1个蛋黄

调制酱料：锅中放入黄油用中温融化。倒入面粉搅拌成油面酱。分三次倒入高汤，每倒一次都要搅匀，去掉汤里的结块，如果太浓稠就再倒点汤。鱼汤倒完后，撒作料熬8—10分钟将鱼子打散到酱里。将锅从炉子上拿开，把海鲂鱼鱼段放进去，盖上烘焙纸，防止上面结皮。

制作馅料：高温加热煎锅里的酥油，将鱼肝放入煎1分钟，两面都要煎焦，捞出后用纸巾吸干油。

用锅中刚才的酥油高温嫩煎韭葱5—6分钟，要煎得很软。撒一点盐，和鱼肝一道煎干。把肝切成3厘米 × 3厘米的小块，放进海鲂鱼酱里。然后加煎熟了的韭葱、调料、龙蒿叶和擦碎的熏鱼杂（如果需要），然后放进冰箱里冷藏。

混合蛋液食料。准备直径为7.5厘米的标准松饼模具，往模具里喷一些油，这样烤的时候酥油皮就不会粘在模具上。将酥油皮平摊在抹了面粉的案板上，用直径为12厘米的圈形模具从酥油皮上切下四片圆片。每片圆片的周长和模具相同。

用直径为8厘米的圈形模具从另一张酥油皮上切下4片圆片，当作盖子。往每块馅饼垫上舀2汤匙馅料，在垫子的边缘刷上蛋液。往馅饼“盖子”的一面刷蛋液，然后朝下盖在馅料上面。用手指把露出来的馅料边角折进去，或者用叉子封边。往馅饼上再刷一些蛋液，冷藏至少30分钟。

将烤箱预热到200摄氏度。往馅饼上再刷一层蛋液，烤12—15分钟，烤到酥油皮变成深棕色且馅料变热。

趁热上餐，搭配喜爱的调料（我一直偏爱芥末酱或酸辣番茄酱）。

备选鱼：

石斑鱼
无须鳕鱼
珍珠鲈鱼

见前页图

香草芝士蛋糕，(海鲂鱼) 鱼子饼干，搭配树莓和绿柠汁

除了柠檬挞，每当我想在圣彼得海鲜餐厅菜单上添加一道甜点时都会第一时间想："如何才能用鱼的某个部位做出甜点"。不仅是因为鱼肉的营养价值丰富，而且鱼肉的烹饪潜力是无限的。这份食谱算是帮我实现了一次愿望：鱼子的加入，让饼干碎的风味与质感更加独特；装饰过的饼干碎会有点咸，难以描述的可口！这么处理的饼干碎仿佛一根魔棒，为我点亮了更多鱼点心的创意。

6人份

芝士蛋糕

6克吉利丁片
165毫升稀奶油（单层/淡奶油）
115克奶油芝士
50克细砂糖
2条香草豆荚，对半切开，把籽刮掉
半茶匙香草香精
165毫升稠奶油（双倍/浓奶油）
110克酸奶油

(海鲂鱼) 鱼子饼干

100克普通面粉
150克杏仁粉
100克细砂糖
50克蜂蜜
100克无盐黄油
100克新鲜海鲂鱼鱼子

配料

600克树莓
2汤匙果糖
50毫升酸果汁
6汤匙鱼子饼干碎（如上）
半茶匙海盐片
2汤匙初榨橄榄油
绿柠汁（1个绿柠挤出）

制作芝士蛋糕：在500毫升的蛋糕模里垫一张烘焙纸。在冰水里软化吉利丁片5分钟。小锅里放入65毫升的稀奶油加热到60—65摄氏度。从炉子上拿开，将碾碎变软了的吉利丁片倒入热奶油里，搅拌到溶解，然后放到温暖的地方。

将奶油芝士放入搅拌机里搅打5分钟，或搅到变软。将砂糖和香草籽混合后，和奶油、香草汁以及剩下的100毫升稀奶油一起倒入奶油芝士泥中，搅拌至融合、丝滑。

把165毫升稠奶油和酸奶油混合料搅到一起，直到打出软软的尖头，倒入刚才的混合料里。然后把食料倒进备好的模具里冷藏至少3小时或一夜。

同时加工饼干碎：将烘箱预热到150摄氏度。把所有食材放进立式搅拌机里，直到搅拌得像软面包糠那么软。把软面糊夹在两张烘焙纸中间卷起来，然后把面卷放在其中一张烘焙纸上烤20分钟至淡棕色。将饼干晾凉并敲碎。放到一边。

调制配料：把300克树莓，以及果糖和酸果汁倒进耐热碗中，盖上塑料膜，放在煮着水的锅里蒸15分钟，等莓果变软沥干并放到一边备用。将果汁冷藏备用。

上餐前用加热过的刀刃将蛋糕切成长条并盛进餐碟里。把剩下的树莓倒进碗中，淋上少许凉果汁。往每个盘子里舀一勺树莓和1—2汤匙凉果汁，然后撒一大勺鱼子饼干碎，一撮海盐，再倒1茶匙橄榄油，滴几滴绿柠汁。

见下页图

焦糖巧克力鱼脂糕

这道甜点是我们为马西莫·博图拉（Massimo Bottura）献力的澳氏丰收超市（OzHarvest）晚宴准备的，人们从中了解到：原来美味的甜点是可以用鱼的边角料来做的。我和妻子茱莉·尼兰德，以及圣彼得海鲜餐厅的厨师阿拉娜·萨普维尔（Alanna Sapwell）共同创作了这份食谱。想要做出这道全球顶尖厨师的掌中宝，需要事先构思很多种做法，要尽量考虑得周全。

16人份

巧克力基底

190克黄油，软化
215克细砂糖
1茶匙可可粉
105克蛋黄
75克全蛋液
225克黑巧克力（至少含70%的可可固质），融化
340克蛋清

巧克力蛋奶沙司

235克无盐黄油
345克黑巧克力（至少含70%的可可固质），掰成小块
6个鸡蛋
210克细砂糖

调制巧克力基底：将烤箱预热到170摄氏度。在两个30厘米 × 20厘米的烤盘里垫上烘焙纸。

将黄油、90克砂糖和可可粉放到立式搅拌机里打发，直至黄油发白、砂糖溶解。把蛋黄和全蛋液分3次倒进中速转动的搅拌机里，每倒一次都要确保与其他食材充分融合。关上搅拌机开关，把融化了的巧克力酱倒进去。再次打开搅拌机，慢慢加到中速，将巧克力酱和其他食材搅匀。

把蛋清和剩下的125克砂糖倒入另一个碗中搅拌4分钟，或搅到有硬的立尖，轻轻将它们倒进巧克力底料里，搅至充分融合。将混合料平铺在备好的烤盘中烤20分钟，直至蛋糕凝固（往蛋糕里插根肉扦，拔出来时肉扦还是干净的）。蛋糕取出放入冰箱冷藏1小时。

制作蛋奶沙司：将烤箱预热到170摄氏度。在一个30厘米 × 20厘米的烤盘里垫上烘焙纸。

将黄油和巧克力底料放在耐热碗里融化，然后放入快要煮沸的水的锅中，碗底一定不要沾到水。等两种食料都融化后把它们搅匀。

在立式搅拌机里搅打鸡蛋和砂糖，直到砂糖溶解。把巧克力混合料倒进鸡蛋混合料中，再倒入烤盘中。将烤盘放在大一点烤盘中或烤锅里，往大烤盘里倒些热水。盖上铝箔纸，千万要封好。烤40分钟至蛋奶沙司刚好凝固。

把沙司从烤箱里拿出来，揭开铝箔纸。如果蛋奶沙司没有凝固，就把盘子放进温水里，然后在冰箱里冷藏一夜。

见前页图

巧克力淋面

8片吉利丁片
500毫升冰水
140毫升水
180克细砂糖
120克稀奶油（单层/淡奶油）
60克优质纯可可粉
100克法芙娜淋面（可以网购）

鱼脂咸焦糖

125克鱼脂（海鲷鱼或墨累河鳕鱼的鱼脂）
500克细砂糖
250克稠奶油（双倍/浓奶油）
2条香草豆荚，纵剖，刮掉籽
75克葡萄糖浆
200克黄油
半茶匙海盐片

装饰：

4块淋面巧克力蛋糕
4片鱼脂咸焦糖（如上）
1汤匙烤茴香籽
2汤匙鱼鳞（翻到69页）
海盐片
120克酸奶油

蛋糕装饰：把蛋糕基底放在砧板上，将盛有蛋奶沙司的盘子扣在上面，使沙司附着在鱼脂糕上。往下压紧，让它们粘到一起。将烘焙纸从沙司上撕掉，用加热过的刀将蛋糕切成条，10厘米长、4—5厘米宽。把条糕放在烤盘里的金属架上冷藏1小时。

同时制作淋面。将吉利丁放入冰水里软化15分钟。把锅里的水、砂糖和奶油煮沸，然后放可可粉搅匀。

将另一只小锅里的法芙娜淋面用低温溶化。然后倒入刚才混合好的湿料里，沸腾后再煮5分钟。从炉子上拿开，往里面倒变软了的吉利丁。融合以后如果不急着用就把它放到温暖的地方。淋面温度要恒温到35摄氏度。

将淋面浇到条糕上，放在金属架上冷藏1小时至凝固。刮掉溢到条糕底部外围的淋浆，然后把条糕放到密闭容器里备用。

制作鱼脂咸焦糖：在两个30厘米 × 20厘米的烤盘里铺上烘焙纸。

低温溶化锅里的鱼脂10—12分钟，直至变成液态的脂油。保持温热。

在锅里混合250克的糖、奶油、香草豆（荚）和籽，低温加热5分钟至砂糖溶解。然后冷却一下。

把剩下的250克砂糖和葡萄糖浆放入厚底锅里，用中到大火煎10分钟，不用搅拌，煎到砂糖溶解。待焦糖变成深棕色，分3次放香草奶油，放的时候要小心，奶油会往外溅，很快就会达到沸点。煎到128摄氏度时把锅从炉子上拿开，加黄油、鱼脂和盐，用搅拌棒搅拌一会儿。往备好的烤盘里倒薄薄一层鱼脂咸焦糖，约5毫米厚，待凉透后放置冰箱。冷藏一夜，直至焦糖凝固。

第二天把焦糖倒在砧板上，用加热过的刀切成10段2厘米宽的焦糖条。放在密闭容器里冷藏，备用。

装饰：把4块淋面巧克力条糕摆在面前。往每块条糕的中央放几片焦糖条，再加6—7粒茴香籽，6—7片鱼鳞以及海盐片。将酸奶油倒进带喷嘴的填充袋里，把它挤到焦糖巧克力鱼脂糕的两侧。焦糖条底边到巧克力条糕底边的距离应该是2厘米。等条糕升到室温时上餐。

附录

关于餐厅干式熟成法的学问：

如果想为餐厅引进更好的储藏法或干式熟成法，需要为供鱼链配备全面的采购和加工流程，在这个基础上应考虑引进制冷室装置。

圣彼得海鲜餐厅厨房后面有一间传统风机动力制冷室。开张之前我们冒险在那里搭了一间静电室，准备往架子上挂大鱼，把小鱼存放在定制的除霜盘里。不知道那样行不行，因为当时手头很不宽裕。我们发出了第一批推文，主要是说我们在这间小冰室里挂了一条重达18千克的䲢鳅鱼，结果遭到了嘲笑和怀疑——这样只会让我们更加质疑自己的决定。最后风险化解——经过反复尝试和制冷工程师的帮忙，我们终于开始尝试干式熟成法。最佳的储鱼条件还能让我们在鱼的肉质更好，价格更便宜时进行大批采购。

对想要把鱼储藏在更好环境下的小餐厅来说，圣彼得海鲜餐厅所用的制冷装置会是一个理想选择。我们将制冷室隔开，用四分之一的空间搭了一间静电室，打开制冷室里的一扇门就能走进去。小房间里围了一圈铜线，不用风机就能让这块狭小的空间冷下来。这个装置方便我们使用干式熟成法将鱼储藏在静电环境下。天花板上有挂着鱼钩的架子，占了静电室的半块空间；在另外半块空间里放了一座定制的搁架，上面有不锈钢托盘，盘子里的漏碟是用来沥干小鱼和鱼片的。

在鱼店开张时，我们决定购进体积更大、功能更精密的装置，在制冷室的天花板上安装交叉风机盘管。在工作中我们遇到过风机盘管结冰的状况，当时盘管不能有效工作，制冷室的温度越来越高，稍微调整之后制冷室又能正常运转了。相比于圣彼得海鲜餐厅的铜线圈装置，交叉风机盘管安装技术有一个意想不到的好处，它能提供湿度较低的环境，让鱼皮保持干爽，而不会干裂（风机动力装置则容易让鱼皮过分干燥）。那么，将圣彼得海鲜餐厅储存过以及干式熟成好的鱼拿到鱼店煎炸时，鱼皮煎得焦脆，脆皮会膨胀起来，就像猪排的酥皮一样。

如果在静电室的鱼钩上挂小鱼，如牛鳅、针嘴鱼和乔治王鳕鱼，看起来会有点滑稽。最好把这类小鱼铺在不锈钢托盘里的漏碟中。在静电室里不用将小鱼整条地裹住，最好是用保鲜膜轻轻地盖在鱼片上。

储藏大鱼的好方法是将它们挂在鱼钩上，将鱼钩刺穿鱼尾。这样鱼就不会碰到托盘，鱼身就不会躺在积液里了。静电室的挂架与关上时的房门平行，吊起来的鱼看着就像门帘一样。我们还设计了专门用来悬挂巨型鱼的带子和绳子，一般的鱼钩是挂不住它们的。

关于我对做鱼以及废料的看法：

烹饪学校告诉厨师“一条全鱼的产出率是40%～45%（或者说能产出55%～60%的废料）”，我不明白这个百分比是怎么得到全球公认的。

圣彼得海鲜餐厅是悉尼的一家鱼餐厅，能容纳34位食客就餐。每周餐厅会多买150千克的鱼，日均多出25千克左右。在悉尼，整条鱼（包括优质的鱼）的均价是每千克20澳元。按照40%—45%的渔业标准产出量预期值估算，日均多出来的大约500澳元中就有近300澳元是总损失，200多澳元是产出。现在，我明白为什么有的餐厅要拿鱼骨熬高汤，把鱼颈拿去炭烤了，而这些还只是“总损失”中的一小部分。

举个例子，我买了一整条钓上来的条纹鳕鱼，重达17千克，每千克24澳元，一共花了408澳元。按照44%的产出比计算，我为“能用的”鱼片支付了179澳元，另外56%的损失相当于是价值228澳元的成本。能用的鱼片约重7.45千克，能做出26份用于菜单的鱼餐，每份平均是200克左右。每份鱼餐的成本是15.69澳元，餐厅至少会卖到60澳元，若将日常开支算在内，这样还能赚到丰厚的利润。如果这本书想帮你从“损失”中获利10%，你就得从那条鳕鱼身上再取用1.73千克的肉。

对小本生意来说，这样做有望让小餐厅可持续性地发展下去，同时也能让你从所付出的溢价中获益更多。从经济角度来讲，很难保证付出额外的劳力是值得的。我们在圣彼得海鲜餐厅时常会发现，当食材成本下降时劳动力成本反而会升高（反之亦然）。

近几年，我在这些“次级”食材上投入了巨大的精力。所幸培训期间我能一直待在厨房里，每一天那里都会采购许多整鱼，于是观察鱼的内脏就成了日常刮鳞、取内脏工序中的一部分工作。然后，我开始给鱼杂称重量，并留意到一些惊人的数字。例如，海鲂鱼的鱼肝有时会和它的鱼片一样重，鮟鱇的鱼卵会占到体重的12%。我不仅把这些当作具有实际经济价值的产品，还从中发现了创作鱼杂食谱的可能性。起初，我只是用咸鱼子做传统风味的腌鱼子，后来试着煎鱼肝，配吐司和欧芹，现在它成了餐厅里大受欢迎的特色菜！

SAINT PETER

索引

致谢

无论是关于哪个行业，我始终觉得写书是一件非常荣幸的事，同时也需要承担更大的责任，不得不在深思熟虑之后下笔。

生活中有良师益友相伴，我倍感荣幸。太太茱莉功不可没，她的爱、耐心，认真对待每件事的态度，都让我觉得很了不起。她是我见过的最勤劳、最善于启发我思考的人。茱莉和我经营着两家鱼店，育有三子，能娶到她是多么幸运啊！

我还想对家人斯蒂芬（Stephen）、马雷亚（Marea）、伊丽莎白（Elizabeth）、哈利（Hayley）和兰（Lan）说，感谢你们时刻相随左右，支持我、帮助我，没有你们，我是绝对写不好这本书的。

这里，还要介绍我的烹饪老师，彼得·多伊尔（Peter Doyle）、史帝芬·哈奇斯（Stephen Hodges）、乔·巴甫洛维奇（Joe Pavlovich）、卢克·曼根（Luke Mangan）、亚历克斯·伍理（Alex Woolley），还有伊丽莎白和安东尼·科孔（Anthony Kocon）。没有你们，就没有我的今天，万千挑战只会让我离完美更近，感激之情无法用一句“谢谢”来表达，如今有幸成为像你们一样优秀的大厨，我会将这份感恩放在心底。

圣彼得海鲜餐厅和鱼店的厨师们，不论你们过去还是现在在这里工作，我都想说，你们的任劳任怨、精益求精值得被尊重、敬佩。这里尤其要表扬的是圣彼得海鲜餐厅的精英初创团队，威米·温克勒（Wimmy Winkler）、阿兰娜·萨普韦尔（Alanna Sapwell）、奥利弗·彭米特（Oliver Penmit）、肖恩·康威（Sean Conway）和卡米尔·凡格拉姆贝伦（Camille Vangramberen），是你们为鱼店带来了生机、活力。因为你们，圣彼得海鲜餐厅才能有今天的成就。保罗·法拉格和托德·加勒特（Todd Garratt），你们俩一直相信鱼店可以做得更好，并不辞辛劳地打造出这么不同寻常的品牌，我不知道该说些什么才好。

最后我想说，杰出的哈迪格朗特（Hardie Grant）编辑部挖掘出了本书的特别之处，让它焕发出迷人的光彩，你们的信任令我们十分感动，在此由衷地感谢简·威尔森（Jane Willson）、西蒙·戴维斯（Simon Davis）、丹尼尔·纽（Daniel New）、罗伯·帕尔默（Rob Palmer）、史蒂夫·皮尔斯（Steve Pearce）、杰西卡·布鲁克（Jessica Brook）和凯西·斯特尔（Kathy Steer）等人，你们为此书投入之多，真是超出了我的预期，在很短的时间里能取得如此好的成绩太令人惊叹了。还要感谢莫妮卡·布朗（Monica Brown），你的智慧、一贯的支持和信念令人赞叹。

图书在版编目（CIP）数据

全鱼料理：海鲜料理大师的私房菜单／（澳）乔希·尼兰德（Josh Niland）著；丁敏译.—武汉：华中科技大学出版社，2023.1

ISBN 978-7-5680-8688-2

Ⅰ.①全… Ⅱ.①乔… ②丁… Ⅲ.①鱼-菜谱 Ⅳ.①TS972.126

中国版本图书馆CIP数据核字（2022）第146441号

The Whole Fish Cookbook by Josh Niland
Published in 2019 by Hardie Grant Books, an imprint of Hardie Grant Publishing

全鱼料理：海鲜料理大师的私房菜单
Quanyu Liaoli: Haixian Liaoli Dashi de Sifang Caidan

［澳］乔希·尼兰德（Josh Niland）著
丁敏 译

出版发行：华中科技大学出版社（中国·武汉）　　电话：（027）81321913
华中科技大学出版社有限责任公司艺术分公司　　（010）67326910-6023
出 版 人：阮海洪

责任编辑：莽　昱　韩东芳
责任监印：赵　月　郑红红　　封面设计：邱　宏

制　　作：北京博逸文化传播有限公司
印　　刷：北京顶佳世纪印刷有限公司
开　　本：889mm×1194mm　1/16
印　　张：16
字　　数：70千字
版　　次：2023年1月第1版第1次印刷
定　　价：298.00元

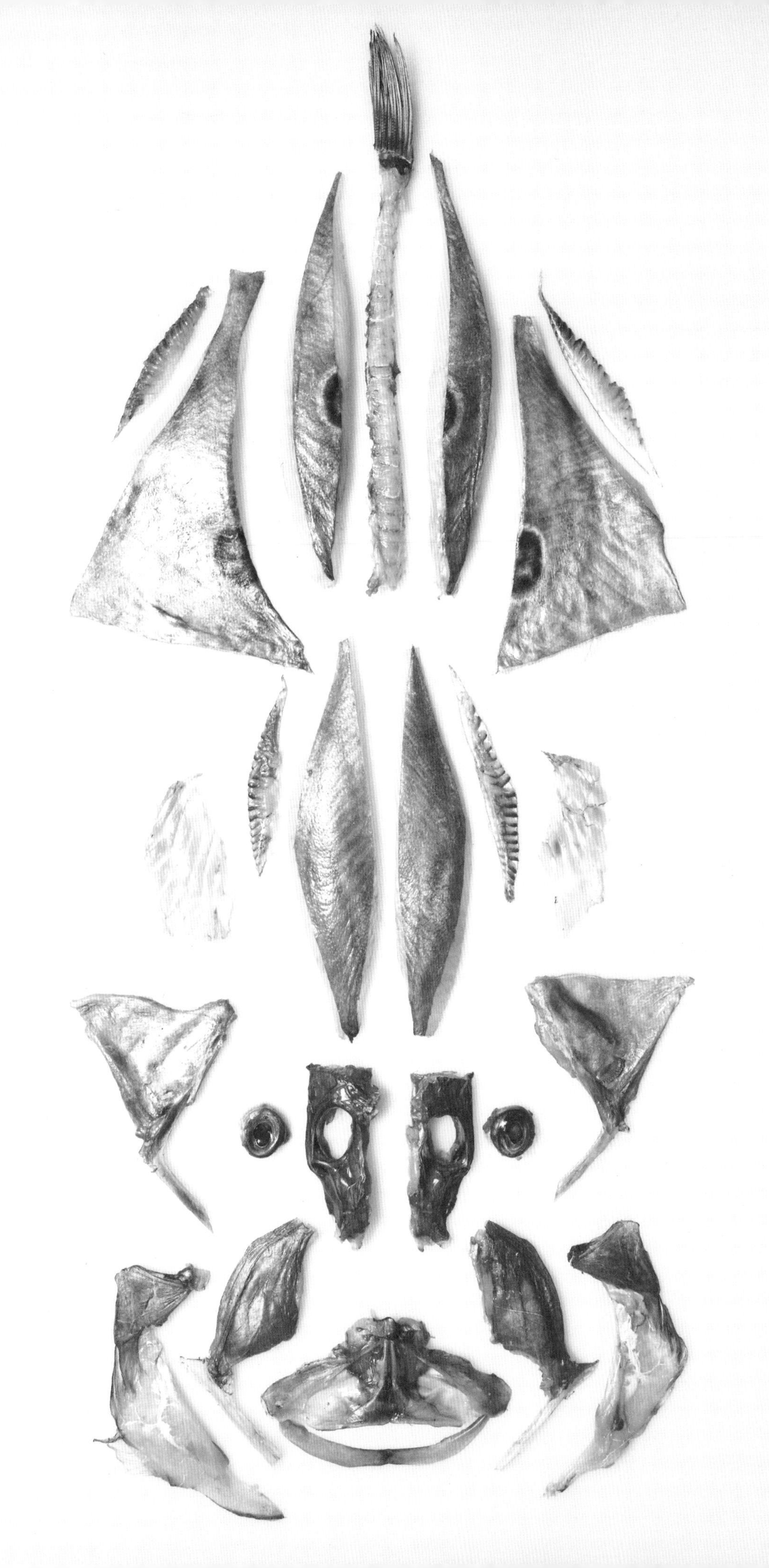